夏娃的觉醒

［德］爱丽丝·米勒 ／著

林砚芬 ／译

Evas
Erwachen

中国青年出版社

(京)新登字 083 号

图书在版编目(CIP)数据

夏娃的觉醒 / (德)米勒著；林砚芬译.
—北京：中国青年出版社，2016.3
ISBN 978-7-5153-4137-8

Ⅰ.①夏… Ⅱ.①米…②林… Ⅲ.①儿童心理学－研究 Ⅳ.①B844.1

中国版本图书馆 CIP 数据核字(2016)第 077628 号

Evas Erwachen: Uber die Auflosung emotionaler Blindheit
ⒸSuhrkamp Verlag Frankfurt am Main 2001
All rights reserved by and controlled through Suhrkamp Verlag Berlin.
中文简体字版权Ⓒ中国青年出版社 2016
北京市版权局著作权登记号：图字 01-2016-1272
版权所有，翻印必究

夏娃的觉醒

作　　者：[德]爱丽丝·米勒 / 著
译　　者：林砚芬
责任编辑：吕　娜　李璐依

出版发行：中国青年出版社
经　　销：新华书店
印　　刷：三河市君旺印务有限公司
开　　本：880×1230　1/32 开
版　　次：2016 年 8 月北京第 1 版　2016 年 8 月河北第 1 次印刷
印　　张：5.75
字　　数：120 千字
定　　价：35.00
地　　址：北京市东城区东四 12 条 21 号
中国青年出版社　网址：www.cyp.com.cn
电话：010-57350346/349(编辑部)；010-57350370(门市)

本图书如有印装质量问题,请凭购书发票与质检部联系调换　联系电话：(010)57350337

平静从我开始……

这些感觉传达给她们的东西不是别的，而是属于她们自己以及她们故事的事，在这些故事当中，她们能不断地熟悉自己。

——《遁入自己的过去》

夏娃的觉醒·目录

前言

本书主要的受众并非专业人士，而是懂得思考个人人生，并且能够接受建议的人，我在书中并未使用心理学专业术语，但还是提到了三种在我旧著作当中曾使用过的概念："黑色教育"、"协助见证者"以及"知情见证者"。针对没接触过我旧著作的读者，我将在此说明这三种概念，以便您更容易理解本书内容。

1. 我所谓的"黑色教育"，指的是以摧毁儿童意志为目的，通过公开或非公开的方式动用权力、操纵、威逼等手段，致使其顺从服膺。

在我的旧著作《教育为始》与《你不该知道》两本书中，我曾举了许多例子来说明"黑色教育"的概念，我也在其他的作品当中，不断地揭示出这种我们从孩提时代就经历过的黑色教育，其虚假的心性会在我们长大成人之后，在我们的思想与人际关系中留下哪些痕迹。

2. "协助见证者"指的是帮助受虐儿童（虽然这种人很少），给予孩子支持的人。对于终日受到残暴行为支配的孩子，这种人起到一种平衡作用。孩子周遭的任何一个人，无论是老师、邻居、女佣或祖母，都可能成为协助见证者，其中又以自己的兄弟姊妹最为常见，他们会对被殴打或无人照料的孩子表达些许同情或关爱，但不会以教育为由去操纵孩子，而是信赖他们，让他们感受到自己并不坏、自己是值得获得善意对待的。感谢这些协助见证者，他们其实并不需要意识到自身是一个决定性的拯救者角色，但他们可以让孩子感受到在这个世界上还有像爱这种东西存在，甚至有可能发展成对他人的信任，保有生命中的爱、善良与其他价值。

若完全没有协助见证者，那么孩子将会赞扬暴力，往往日后或多或少也会变得残暴，并使用同样的虚伪借口，例如策动大屠杀的希特勒等人，正是典型的例子，他们在孩提时代身旁都没有协助见证者。

3. 另一个类似孩提时代协助见证者的人物，即长大成人后生命中的"知情见证者"。所谓的知情见证者，指的是知晓受虐或缺乏照顾儿童后果的人，因此他会帮助这些受创者，表达同情，协助他们更加了解那些由于个人经历所造成的恐惧与无助感，让如今已成人的他们，能够更自在地作出选择。

"协助见证者"与"知情见证者"这两种概念，我都曾在《被排除的知识》一书中提到过，同时用了一整章的篇幅来阐述。

有些心理治疗师即为知情见证者，但知道内情的老师、律师、顾问或书籍作者，也都属于知情见证者。我虽然认为自己是个作家，致力于将那些常常以禁忌为名被遮掩住的信息传达给读者，但我希望让不同领域的专业人士更加了解自己的人生，并有可能成为客户、病人与孩子，当然还有自己的知情见证者。以下是一位诗人给我的来信，说明这种目标是可能达成的：

亲爱的米勒女士：

我以此信与我的 CD，感谢您这些年来给予的支持与协助。我把我的歌词译为德文，方便您用母语阅读。

·003

如果说我的过去导致的结果使我痛苦万分，那么您的著作就是我与现实之间的羁绊。我在自己所作的歌词当中发现了与童年有关的事，这让我相当震惊，这些歌词所揭露的事是如此不堪，长久以来，我一直抗拒着那些内容，害怕我接受它们之后将出现的结果。我全身都在嘶吼，但我却不了解原因为何。然而，这些我以直觉写下的歌词，它们在音乐的环抱中，躲过了我的自我检视，使我更加接近自己想对自己说的话，那些连我自己也不清楚的个人经历，慢慢地摊开在我的面前。幸亏在这种敏感时刻读了您的书，让我清楚的明白自己并不孤单，要不我真不知道还要将内心深处的自白压抑多久。

正是从您书中得到的支持，促使我后来鼓起勇气寻求心理治疗师的协助，通过对谈的方式继续接受治疗，如今，我终于可以对他人说出那些被我自己压抑多年的人生经历，一步一步地揭开那些迫不得已对自己隐藏起来的事。通过与那些使我受到侵犯的人对质，我获得证实，其实我的记忆感受一直想告诉我事实，我也因此更容易获得真正的疗愈。不过我算是比较幸运的，如果我遇到的是个不好的心理治疗师，那么我可能会走很多冤枉路，浪费很多时间；回溯本来就是一条漫长的道路，倘若在这种情况下选择快捷方式则会误导人。

若没有您书中所提供的信息，我将无法充分接纳那些从儿子们眼中看到的我自己，而由于我的不自由，会重蹈自己从前被孤立的状况，从而更加频繁地干涉他们的自由。我很高兴能够获得帮助与支持，让我重新找到人生的道路，每当那些被压抑的过往罪咎浮现，并且告诉我，我不可以活着，我便会取来一本您的书阅读，来帮助我重回人生。

在我 1979 年的作品《幸福童年的秘密》当中，描写过小孩的痛苦，他们生活在一个忽视并否认他们感受的世界，书里的相关叙述，让很多人发现了自己至今都隐藏起来的过去。之后的几本书里，我试着指出这种我最初从病人们身上发现的问题，即否认与排斥儿时痛苦的机制以及由之造成的无感，其实是普遍发生的。在许多知名作家、艺术家、哲学家如卡夫卡、福楼拜、贝克特、毕加索、苏丁、梵高、基顿、尼采等,以及其他很多名家的作品内,我都能从中看到他们童年的痕迹。对于这种好发性就连我也感到相当惊讶,即便对象是毁灭型的暴君,我也能一再地从他们的童年当中发现相同的模式:过度虐待、将父母理想化、赞扬暴力、否认痛苦,并且由于曾经遭受否认与进而分离出来的残暴,转而报复整个国家和民族。

　　如今,儿童受虐问题已经引起了大众的广泛关注,但有一个鲜为人知的事实,即一般被我们称为教育,而且视为善良与正确的事务,其实伴随着屈辱的严重后果,这点我们还没能充分意识到,因为打从生命之初我们就已经被丧失了这种感知能力,进而形成了一个暴力与无知的恶性循环。而神经生物学一项令人瞩目的新发现,帮我更精确地理解与描述这个我原本以直觉点出的恶性循环是如何运作的:

　　1. 带有体罚的传统教育方式将会导致孩子否认痛苦与屈辱。

　　2. 孩子为了存活下去而必须采取的这种否认态度,将会造成日后情感上的盲目。

　　3. 情感盲目在脑中制造出屏障(思维障碍)以防范危险(即防止曾经发生过但现在已不存在的创伤,但由于否认,创伤将在脑中转化成持续潜伏的危机)。

4.思维障碍会阻碍青少年与成人学习新知、吸收新知，以及破除陈旧过时惯例的能力。

5.身体保有忍受屈辱的完整记忆，将会导致当事人无意识地把过去的经验强加到下一代身上。

6.思维障碍让人无法放弃，或至少妨碍了人去放弃，除非当事人决心认清造成他儿时束缚的根源，但是由于这种决定是很少见的，因此绝大多数人都会重复去做长辈们曾经说过的话，认为小孩子不打不成材。

此刻我想在本书中表达的观点，每个人都可以去验证看看，而且如果验证后有异议，也可以提出反驳。不过，这部作品最主要的目的是激发读者思考，思考自己的人生以及我们家庭内部的特殊案例，希望能够通过这些至今仍未受到重视、但可以提供帮助的信息，让我们稍加了解我们自己与我们的环境。

我在书中的第一部分(《未受重视的宝库:童年》)，用了几个例子来说明童年是容易被人忽略的，即便在那些大家有所期待的领域亦然。

在第二部分(《情感盲目如何产生?》)，我根据脑部研究的最新成果，尝试回答了为何我认为这种回避童年题材的情况会经常发生。

最后一部分(《遁入自己的过去》)我叙述是成功回溯自己的根源,因而有所斩获的人,将会拥有怎样的人生际遇。

书中这几个主题偶尔重复交迭,但我的讲述基本遵循这条主轴而行。

推荐序一·童年，未曾挖掘的宝藏

张德芬 / 身心灵作家

好奇是小孩子的天性，他们喜欢不停地提问，有时问题会让大人们不知道如何回答，于是总会说一些奥妙的答案来敷衍孩子，顺便还会加一句"我是为你好"。

其实，小孩子也是能感觉到大人们也是不知道答案的。可是，听多了大人们"为你好"的答案之后，小孩子们就慢慢学会了再也不去认真思考和发问了，于是变得顺从、乖巧、善恶不分。

成年之后，这种童年的经历会显化成病态的思想、有病的身体，以及无法处理的人际关系等，很多人不知道该如何去解决，因为他们不知道问题在哪里。那么如何才能让自己变得更好？如何才能有更健康的身体？如何才能在面对一切问题的时候不再恐惧？答案就藏在我们的童年中。我们不妨去认真梳理一下那些我们成长过程中被模糊的概念，被忽略的情感需求，以及没有被正视过的问题。原来它们一直留存在我们的身体或者意识的记忆中，一直在指导着我们意识和行为处事的方式，而我们一直没有觉察。

在《夏娃的觉醒》中，爱丽丝·米勒鼓励大家回溯童年，让我们看到不同版本的童年故事。我们从母亲十月怀胎到呱呱坠地，从呱呱坠地到长大成人，从无意识到有意识，成长的点滴都被我们的身体一一记录下来了，只是你可能不曾记得，或者你不愿意回忆。可是，意识它就在那里，未曾离去也未曾改变。那些在传统教育下度过童年的，从小被压抑的亚当和夏娃们，在为人父母之后，会无意识地复制父母当年的教育模式，这种轮回，让一代又一代孩子有着同样的感受。我们该如何寻求改变呢？

孩子们不是某些神学著作里的恶魔之子，他们单纯善良、好奇懵懂，他们需要在爱的沐浴健康成长。神在出生之前，就感受到了人间父母最崇高的敬意、爱与守护。正是这种最初的生命体验，培养出了他感受世界的超凡能力和智慧，养成了他坚强理性、善解人意的性格。在爱的体验中长大的孩子，这种美好的经历会成为他们一生的财富。只有那些理解、鼓励宽恕孩子的过错，不会因好奇心去处罚孩子，不会去扼杀孩子创造力，更不会诱导孩子、强迫孩子，并给孩子造成恐惧感的父母，才能真的疗愈下一代啊！

让我们认真看待童年发生的故事，挖掘童年这座宝藏，我相信会给你带来意想不到的收获，让你更好地面对自己。

让我们在爱和疗愈中，活出更好的自己。

推荐序二·一本每个人都需要看的书

赖佩霞 / 魅丽杂志发行人、身心灵成长导师、作家

向爱丽丝·米勒致敬；这是一本每个人都需要看的书。

看了前面几页，迫不及待地翻开本书的序给坐在我身旁的先生，让他看看里面阐述的关于一直以来人类奉行黑色教育所衍生的后果。这是我长期思考，也是我希望能说清楚、讲明白，当然更希望能跟亲爱的先生分享其中的智慧。

很遗憾，在米勒生前没能读到她的学说，否则，我一定会想尽办法亲自拜访，甚至投靠她的门下。三十多年前，当我在美国第一次接触心理学，当身体里的那些伤痛记忆被唤醒时，便促使了我接下来将全心投入加入自我疗愈的行列。经历了目睹恐惧感如何啃蚀我的自信、我的能力，以及我对人的信任，每每看到同样受困的人，不单单在情感上心疼不已，同时我也看到脱离其束缚的极大可能性。

今日跟本书结缘，第一时间我迫切渴望能完整地细读她所有作品，除了之前《幸福童年的秘密》与这本《夏娃的觉醒》，出版社似乎还有意出版她其他的作品，在此，我要替很多将从此书及其他类似书籍中受惠的读者，谢谢出版社的出版发行。最重要的是谢谢他们对于米勒理念的重视和愿意花在推广上的心思。这不只是一本自我成长的书，其中还蕴藏了影响我们未来命运与下一代生命景象的重要讯息。

·003

别再摧毁孩子！别再以爱之名行一些无意识的摧毁之事！拜托！

有趣的是，当我跟先生分享我前面看到的几页，当然，还加上我自己对于本书主题的思考，也就是说，我坚决反对暴力，无论是行为暴力或者是语言暴力。先生问："你觉得打小孩手心也是暴力？"我说："是！"话夹子打开，他持反对意见，他认为奖、罚对孩子来说是有必要的。开始渐入细节，哪些算罚？哪些被视为恐吓或暴力？他开始谈论很多人的体罚行为也是出于爱，问题在哪里？有些孩子是必须要被处罚，才能避免他们重蹈覆辙……

话锋一转，我问："你父母打过你吗？""没有！""那你打过你的孩子吗？""没有！""那你觉得 Amy（与前妻生的女儿）会打她现在两岁的女儿吗？""应该不会！"我继续说："那你为什么觉得你跟你的孩子可以免于被打，而别人的孩子就要被打？"这时，他停了下来。一会儿，继续，他又回到谈论体罚存在的必要性。

先生不是一个会动粗或说难听话的人，换句话说，相当有修养，只是有时谈道说理的时候，嗓门会大一些而已。他从小生活在一个平和、快乐、有纪律、有规矩，换句话说，有家教的环境。另外，家里还有一位非常慈祥，同时带来家人强烈凝聚力，人人敬爱的好婆（外婆）。我好奇，既然他从来没有被父母打或体罚过，那他为什么会觉得打骂对于管教是有用的呢？不解！

我从小生活在单亲家庭，记得妈妈会拿衣架子、鸡毛掸子打我，情绪不好的时候，会用一些非常难听的字眼来数落或羞辱我。是不是常常，我也记不得了。但当这些画面浮现脑海，或从心中泛起时，我总会揪心、泪流满面。当然，晚年她从不承认自己曾说过那些话，当我们聊起时，她总是极力否认，指控我造谣，故意让自己对她有恨意。其实，母亲真的不知道，我花了多少时间、精力、金钱跟努力，才有勇气承认那些曾加诸在我身上的伤痛。好几年的心灵探索、咨询，我都不愿承认母亲的负面情绪曾在我身上烙下的痕迹，就像米勒所说的，我一直觉得那都是我自己不够乖巧、不够听话所导致的下场。一切都是我的错！

·005

当然，父亲的缺席是个缺憾，但是，生命中唯一可以依赖的母亲，不时将突如其来的情绪释放在一个没有其他依靠的孩子身上，情何以堪？平心而论，我真的有比别人家的小孩坏、顽皮、不听话吗？没有啊！我有比先生家的孩子不受教吗？没有啊！那为什么我在成长的过程中就该承受那些？我真的有那么糟吗？

天知道，我花了多少时间才了解其中的答案。在我还没有生下大女儿之前，开始看这类心理学的书籍，开始进入灵性探索，开始上一些心灵成长的课程,让我在还未重蹈母亲覆辙之前,就深刻体验到这些无意识行为对一个孩子的伤害。即便如此,即便我已深入作了生命回顾、思索、重整,现在回想起来,我还是有一些可以跟孩子道歉的空间。

看完这本书,感动满满。先知会读者一声,这不是一本容易的书,以我自己为例,即便我已经历多年像剥洋葱一样的生命回溯,很多时候,我还是会看到自己试图想从书本中移开,因为,不知不觉中,一些尘封已久的情绪被搅动了起来,突然,就会看到自己不自觉地想从座位中起身。这时,不妨有意识地起来泡一杯你最喜欢喝的热饮,像我手中的热可可,多少能抚慰我那曾被拒绝的小小心灵。

阅读之余,可以让自己学着滋养心里那位重要的"协助见证者"与"知情见证者"。没错,我的生命多年前之所以找到新的出口,就是来自米勒书中所说的专业"知情见证者"。一位好的聆听者,帮助我看清了故事背后的真相,也让我重新认识那个我母亲从未能说出口的另一个我自己。除了母亲习惯性地奚落,我还是一个乖巧、可爱、有趣、有爱心、有能力、健康的孩子。

即便此书读起来不易,但请记得,我们生命中曾出现过的那些"协助见证者"与"知情见证者"所释放出的温暖,透过此书,今天仍在支持着我们。借此谢谢你们让我们有能力看见不同角度的真相。最后,诚心祝天底下的所有父母都能开始认识自己、调整自己、原谅自己、爱自己、善待自己,也善待孩子。耶~

推荐序三·从心理分析当中学会当个好父母

庄凯迪 / 台中荣民总医院精神部主治医师、Dr.Soul 身心灵成长中心创办人

"每个人都应该读一些心理分析的书籍。"

多年来我一直提倡"心理分析应列为国民必读书籍"的观念,但是心理分析对于每个人的重要性,虽然经过说明解释,仍然很难让大众都理解。直到……

直到 2014 年 5 月 21 日,郑捷在台北捷运上拿刀挥舞随机杀人之后,许多当父母的以及想要当父母的人们,急急忙忙到处在发问,怎么样才能够避免带出性格异常的子女呢? 面对孩子从小就不断产生出来的恨意与挫折,做父母的人又应该要怎么处理呢? 同时,也有一些年轻人默默在求助,想要知道怎样走出自己内心那个充满愤怒怨气的黑洞? 如何跳出执着于过去、不断想要报复的妄念? 其实,每个人的内心都有黑暗的层面,过去我们的社会常常遮住眼睛不去看黑暗的部分,郑捷的事件挑起了整个社会的敏感神经,让我们不得不去面对人性的黑暗面。

四个月之后,一位在世界最大会计师事务所工作的台大毕业生,放着大好前途不顾,当街砍了女朋友四十一刀,造成她脖子断裂当场死亡。这件事情让社会震惊:原来不论学历高低、收入如何、前途好坏,每个人都可能突然之间因为情绪冲动,陷入万劫不复的深渊。我们该如何去面对我们的情绪呢? 情绪又需要什么样的教育呢?

　　情绪教育是所有教育的基础,早在父母安抚哭闹的小婴儿时,情绪教育就已经开始。一两岁的孩子在家庭的熏陶中,便已经奠立了我是谁、我应该怎么对待自己、我要怎么看待别人等的看法。这些态度与观念,决定了孩子们一生的发展。也难怪谚语说,三岁看大七岁看老。科学的研究也告诉我们,影响孩子一生成就最大的因素不是 IQ,而是 EQ。

　　在情绪的教育中,心理分析扮演什么样的角色呢? 心理分析不只是对变态人物的内心有兴趣,更是在探索整体的人性。人的心理都是相似的,每个人的内心都会有黑暗面。在一些人身上,某部分的黑暗面会特别明显。心理分析透过深入了解这些人的黑暗面,来认识共通的人性。如同医学不断研究疾病发生的机制,帮助我们更加了解身体运作的原理。医师懂得身体为什么会生病,才能够告诉我们要怎么样保健才能避免疾病发生。同样,心理分析研究病态的心理,明白了心理为什么会生病,然后才能够告诉我们可以预防心理问题的产生。

　　如果您想要预防癌症,必然要听癌症专家的话。如果您想要减少中风的危险性,就应该看看专门诊治中风的医生怎么说。那么,我们要如何避免教养出心理异常的小孩呢? 这就要阅读心理分析的书籍了。弗洛伊德固然是心理分析的创立者,但是他的书籍太过于理论化,不容易阅读。近年来在欧洲享有盛名的德国心理分析师爱丽丝·米勒,长期深入研究人们成长的轨迹,探讨许多儿童时期的黑暗教育,思索儿童时期的阴影对于成年人的影响。对于想要当个好父母、希望自己能够帮孩子培养良好情绪和个性的人来说,爱丽丝·米勒的书籍真是不容错过。爱丽丝·米勒特别注重孩童时期父母的教养方法怎么样塑造孩子的一生。许多人受限于小时候的情绪体验,一辈子没有办法走出自己的路来,终生在抱怨当中度过。爱丽丝·米勒的这本《夏娃的觉醒》强调接受与面对残酷的现实,才是真正智慧的开始。她借用了伊甸园的故事,说明夏娃吃了智慧之果才醒悟原来天堂般的伊甸园只是一个催眠的幻象,来提醒每个人都需要智慧来醒悟,心理分析便是这个智慧之果,从根源上带领我们走出幻象。米勒努力阐明我们每个人都活在父母与社会创造出的幻象之中,如果我们不能够从这个幻象中觉醒,我们所有的喜怒哀乐,都只是梦境;一切的成就,都只是虚幻;人们抱怨的内容,其实都是呓语。幻境的人生,用一言以蔽之,是我们为了避免短暂的伤痛,制造出持续更久的巨大伤痛。

每个人都该阅读一些心理分析的书籍,帮助自己跳出童年时期成长过程中无可避免的创伤。然后,我们才能够带领我们的子女走过童年成长过程中必经的各种挫败,帮助他们坚强有韧性,避免被心里的怨恨引领到各种变态的领域去。爱丽丝·米勒这本书,适合所有想要帮助自己与子女开创实际生命历程的人,踏出醒悟与自我实践的第一步。

推荐序四·"看见"童年的自己,好好把自己爱回来

周志建 / 心理博士,故事疗愈作家

每一个人内在都有一个小孩,不管你活到几岁,他都在,如影随形。而且,我们的内在小孩,恐怕都受伤了。这个伤,来自童年、来自原生家庭。

我们生活在一个讲求"服从"、"听话才是乖孩子"、"不打不成器"的家庭文化里,家庭暴力无所不在。所谓的家庭暴力,不只是父母的责备打骂,甚至连威胁、恐吓,及所有控制孩子意志的行为,都应视为是一种暴力。暴力,叫人失去自我控制,让我们活在恐惧中。暴力,让我们的内在小孩"伤痕累累"。

暴力对一个人的身心影响甚巨,根据书上的例子,很多成人身体的病痛,其实都跟童年遭受暴力经验有关。然而更惨的是,暴力会"代代相传",小时候遭受暴力的人,长大以后,自然也会变成另一个"施暴者",不自觉地对他周遭的人施以暴力。那怎么办呢?

救赎之道,就在于觉知、觉察,好好去拥抱过去那个受伤的内在小孩,进而好好把自己爱回来。

如果你曾经历过家庭暴力,请不要气馁,这绝对是一本值得你好好阅读的良书,它会帮助你"看见"童年的自己,并把自己从童年的暴力阴霾中解救出来。

如果你已为人父母,更该看这本书。在米勒女士的故事里,你会知道,

对孩子最好的教育,除了尊重、还是尊重。尊重,就是爱。有爱的孩子,才会幸福。切记。

幸福、健康、快乐,难道不是每个人一生的渴望吗?难道你不希望你的孩子过得幸福健康吗?如果是,学会"非暴力的沟通"与教育方式,是所有父母今生最大的功课。

序·你不该知道

　　当我还是个孩子时，我就对《创世纪》故事里的禁忌苹果很感兴趣，我不能理解为何亚当和夏娃被禁止取得智慧，对我来说，智慧和意识都是很正面的东西，神竟然阻止亚当和夏娃去认清善与恶之间的基本差异，我觉得这很不合逻辑。

　　虽然后来看了数种《创世纪》故事的不同版本，但我那幼稚的反抗心理仍持续了好多年，我的直觉反应是拒绝将服从视为道德、将好奇心视为罪咎，以及将不辨善恶视为理想状态，因为我认为这颗智慧之果显然在宣告何为恶，何为善。

　　我知道对于神下决定的动机，有无数人从神学的角度进行辩解，从中，我常常会看到一个受恐吓的孩子，这个孩子试着将所有父母的行为理解为爱与善，即便他不理解，而且也无法了解父母的行为，他依旧试着去做，其实就连父母自己，对这些隐藏在他们自身童年阴霾之中的行为动机也是不明就里的。因此，直到现在我依旧无法理解，为何神想让亚当和夏娃以无知的状态留在天堂，而且还要痛加惩罚他们不服从的行为。

　　我从来就不向往一个以服从与无知作为幸福条件的天堂，我相信的是爱的力量，这种爱在我看来不是乖乖听话与服从，它应该是忠于自我、忠于自己的故事、忠于自己的感受与需求的意思，其中也包含着对知识的渴求。显然，神想夺走亚当与夏娃对自我的忠诚，我认为我们只有在能够做自己的时候，我们才可能去爱：无所回避、没有面具与修饰。只有在我们不会将可取得的知识（例如亚当与夏娃的那棵智慧之树）拒之门外、不逃避接受知识，并且鼓起勇气吃下苹果时，我们才能真正地去爱。

直到今天，我仍然很难接受有人说孩子不打不行，打了才会像我们一样"好"，神才会喜欢他们。这种想法存在于许多宗教派别的教条之中，但其实不只这些，《创世纪》的故事早已深入我们的生活当中，阻止我们张开眼、阻止我们认清被引入了歧途。以下的案例将说明不被允许拥有知识，可能会让我们的健康付出哪些代价。

某位在孩提时代极度受到贬抑与肉体虐待的男性，他一辈子都认为自己的父母是完美的，但是到了晚年，他身体的免疫系统不能继续正常运作时，他便开始被严重的病痛折磨而感觉痛苦万分。个人的认知系统告诉他的信息是，所有童年的事物都是美好的，他在父母的保护下度过了一段幸福的时光，但他的身体组织传递出来的却是完全相反的信息。他长年服药，接受过大大小小的手术，到了最后，他终于听从一位内科医师的建议，决定找一位心理治疗师来处理他情感上的问题。

60年来，这名男子不敢去正视这段经历，等到他终于鼓起勇气面对真

·015

相时，儿时遭到专横对待的事情便浮现了。病痛治愈后，一切看起来就像个奇迹，但是这其实与奇迹完全不同，倘若身体细胞如实记录下来的内容物与认知系统呈现的是相反状态，那么这个人就会一直处在一场与自己的战争之中，一旦这两种系统的认知能够匹配，身体的正常运作功能便会重新恢复。

现在让我们回到《创世纪》的故事。我依稀记得自己小时候给老师带来了很大的困扰，因为我总是不停地问问题，这显然让老师很不舒服，因此我不得不压抑下我的那些问题。然而，这些问题却不断地浮现在我的脑海中，我希望能以一个成年人的身份，遵从我的内心，容许我的内在孩子将这些问题说出来。这个孩子想问的是：

如果神不希望他创造出来的那两个人吃下智慧之树上的果实，那他为何要在伊甸园当中种下那棵代表着善与恶的智慧之树呢？他为何要去引诱他创造出来的那两个人？如果他是无所不能的神，创造出这个世界，为何又必须要这么做呢？如果他无所不知，为何要迫使这两个人服从？难道他不知道自己创造出来的人类，是一种好奇的生物，而他则是在迫使这种生物背弃自己的天性吗？如果他将亚当和夏娃创造成性征互补的男人与女人，他又如何能同时期待这两人去忽视自己的性欲呢？亚当和夏娃又为什么这么做？如果夏娃没有咬下苹果，那么结果将会如何？如果她没吃下苹果，这两人就不会结合，也不会有后代，如此一来，世界不就会永远停留在无人的状态下吗？亚当与夏娃是否就不会有小孩，永远单独存活于世呢？

为何生育小孩会和罪孽连结在一起？而分娩的行为又为何与疼痛连结在一起？何以神一方面计划让这两人无法生育，但另一方面《创世纪》的故事却又说鸟儿会自行繁衍？针对这点我们究竟该如何理解？由此可见，其实就连神本身也早已有了传宗接代的概念。接着，《圣经》中又陆续提到了该隐结婚生子，如果世界上除了亚当与夏娃以外没有其他人类存在，该隐的妻子从何而来？为何当该隐开始吃醋，神却拒绝了他？难道该隐的嫉妒不是因为神本身造成的吗？因为他确实比较偏爱埃布尔啊。

·017

所有这些问题，无论是在孩提时代或后来，都没有任何一个人愿意给我答案，他们反而还会生气，因为我质疑神的全知与全能，而且还认为我的那些解释既矛盾又不合逻辑。大多数的人都会回避我的问题，例如他们会这么说：你不应该这么较真，这些不过都是象征而已，我回问他们：象征什么呢？但还是没有得到答案，或者他们会说：《圣经》里面还有很多真实、明智的内容。关于这点，我并不想辩驳，但我心中的孩子是这么想的：为何连那些我认为不合逻辑之物，我都必须要接受呢？

作为一个小孩,该如何面对这些响应呢?孩子并不希望被人否定或厌恶,因此只能乖乖服从,我也是如此,不过我对于了解这些答案的渴求并未因此而消失,由于我无法明白神的动机,因此我继续追寻着,希望至少能了解人们的动机,何以人们这么容易就接受了这些矛盾的内容?

我完全无法从夏娃的行为当中找到任何恶意,我认为如果神真心爱着这两个人,那么他就不会想让这两个人处在盲目的状态。引诱夏娃犯下"原罪"的真的是蛇吗?或者是神自己呢?如果有个普通人向我展示某些值得追求的事物,但又告诉我不可以接近,我觉得这是非常残忍的,然而对于神,人们完全不得有这种想法,更遑论说出口了。

就这样,我独自与这些想法纠结在一起,徒劳地在书本中找寻答案,直到有一天我终于明白,这些流传于世的神的形象,都是人创造出来的,而这些人又是根据黑色教育的原则被养大的(《圣经》里充斥着黑色教育的概念),虐待、诱骗、惩罚、权力滥用等行为都是他们童年日常生活的一部分。《圣经》是男性所撰写的,我们可以想象,这些男人对于自己的父亲都没有太好的印象,看来在他们之中,应该从没有人看过任何一位父亲,会因孩子的发现欲而感到开心,或者不期待他们去做办不到的事。这些男人由此创造出神的形象,但没注意到神身上的虐待特质,他们的神想出了一部残酷的剧目，送给亚当与夏娃一棵智慧之树，但又禁止他们去吃树上的果实，也就是禁止他们成长为有意识、有自主力的人，他想让他们两个人完全依赖于他。我将这种父亲的行为称作虐待，因为其中带着以孩子的痛苦为乐的心态。孩子由于父亲暴行的后果而受惩罚，这不能说是爱，应该说是黑色教育，但这就是那些《圣经》作者在无意识的状态下所看到的所谓的亲爱的父亲。《希伯来书》第十二章六至八节当中，使徒保罗清楚地说道："管教给予我们确定感，让我们成为神真正的儿子，而非私生子所忍受的，是神管教你们，待你们如同待儿子。焉有儿子不被父亲管教的呢？管教原是众子所共受的，你们若不受管教，就是私生子，不是儿子了。"

·019

我现在可以想象，若有人的童年在尊重里度过，未被责打与辱骂，日后长大成人，他将会信仰其他神祇，相信某个会引领方向、解说道理、充满爱与领导性的神，或者此人不需信仰亦无妨，但他会尊崇某些他认为表现出真爱的典范。

本书中，我把自己视同为夏娃，但不是那个传说故事里天真的夏娃，这个天真的夏娃就像童话故事当中的小红帽，不小心被一只狼给诱骗了，我认同的是那个看清自己处在不公平之境的夏娃，她拒绝接受"你不该知道"这种命令，她希望的是深入理解善与恶之间的差异，并且下定决心为自己的所作所为负起全责。

　　您眼前这本书所叙说的,是我准备遵从自己身体传达的信息,开始探索我人生的初期阶段之后,所了解到的事物。这趟回溯幼年与人生初期的旅程,促使我发现了许多身心机制,这些机制在全世界许多人的身上也是显而易见的,可惜的是,很少人会意识到它们的存在,因为那句"你不该知道"的禁令,阻止了我们去感知它们的存在。

　　我的意思是,我们不只有权利知道何谓善恶,我们"必须"得去知道,为我们的人生以及我们孩子的人生负责,如此我们才能从那个饱受指责与处罚的孩子所承受得恐惧当中挣脱出来,挣脱出对不服从之罪的极度恐惧,这种恐惧感已经摧毁了许多人的人生,使他们至今都被自己的童年束缚着。身为成人,我们可以借由适当的外界协助挣脱这层枷锁,吸取生活中必需的信息,并心满意足地宣布,那些教育者与宗教导师因他们自身的恐惧而对我们所阐述的一切事物,我们都不要再去深入研究了,一旦放下了这些负重,我们将惊讶自身负担的减轻,我们不再是那个需要强迫自己的孩子,不需要像许多哲学家与神学家至今仍继续在做的那样,去研究不合逻辑之事当中的深奥逻辑,因为我们(终于)以成人之姿获得了权利,可以不去逃避现实、不接受不合逻辑的理由,并且忠于我们的认知与自身的故事。

第一部·未受重视的宝库:童年

保护并关心孩子的需求——这其实应该是件最理所当然的事,但我们的世界却还有许多在缺少关心下长大的人,成年后的他们试着将这种关心通过暴力(包括压榨、威胁、武力等)来取得。

引言

也许人类早在文明之初就开始自问：恶从何处而来？如何与恶对抗？人们早已推知邪恶的发展始于儿童时期，但邪恶有时会被视为恶魔的杰作，后来也有人认为是一种与生俱来的毁灭欲。为了驱走邪恶，人们普遍采取的方法是管教和责打，认为这样才能培养出善良的性格。

这种观点到现在仍有广泛的市场，虽然人们早已不再相信那些无稽之谈，也就是魔鬼将他的小孩放入我们的摇篮里，因此我们必须严格管教这些被狸猫换太子的魔鬼之子，但人们还是坚信，是基因驱使人们去犯罪，因此此种假说与许多事实不符，人们还是开始寻找这种基因，但却没有任何一个邪恶基因论的支持者曾试着去解释，如果顺着这种逻辑，在第三帝国[1]建立的三四十年前，那些身藏坏遗传因子的德国小孩，怎么会如此不假思索地在成年后去执行希特勒的计划。

几乎所有文化圈里都存在着一种谬论，也就是有些人生来便是邪恶的，这种观点如今已遭到科学的驳斥。不久前，人还被认定为带着一颗已经塑造好的脑袋诞生，但学界已证明事实并非如此，人的脑袋如何构成，取决于他在人生的最初几日、几周以及几个月的经历。爱的照料是不可或缺的，同理心等能力都是因此发展而来的，如果缺少了这种关爱，忽视孩子，让他们在虐待中成长，孩子便会失去这种能力。

当然，人是带着故事诞生的，他在肚子里的九个月与出生之后的故事，会明显带着由父母与家人遗传而来的基因印记，也许这两者会决定他的脾气、喜好、才干与天性，但是个性的塑造却取决于他在生命之初，包含在母体内时，接收到的是关爱、保护、柔情与体贴，还是拒绝、冷漠、不体贴和不关心，即便不完全是残暴。拿今日会犯下谋杀罪行的人为例，他们多半在成长期都具有共性：有个未成年或吸毒的妈妈，亲子关系疏离、无人管教、饱受创伤。

近年来，神经生物学家已经发现，有过创伤与严重疏于被照顾的孩子，其大脑中控制情感的区域会显示出明显的损伤，重者近乎三分之一的大脑都有可能受到损害。科学家解释说，婴儿时期的严重创伤会导致压力荷尔蒙的释放增加，不论是已存在的神经元或新形成的神经元，以及神经间的连结，都会因此受到损害。

这项发现究竟对于我们了解儿童发展有何帮助？创伤与疏于照顾所导致的后遗症又代表了什么？据我所知这两方面仍旧很少有专著，不过这些研究已经充分证实了我 20 年前在其他领域（即根据我对病人的分析工作与阅读教育论文）的发现，我已将研究结果记录在我的作品《教育为始》一书中。我在该书中引用了黑色教育的文章，这些文章都建议从生命的第一天开始,就必须教导服从与如厕,这有助于我(也有助于后来的许多读者)去了解,为什么人们在第三帝国时期能够毫无顾忌地表现得像个完美的杀人机器(如阿道夫·艾希曼[2])。那些成为"希特勒意愿之乐意执行者"的人,很早就有了报复心态,因为在他们的婴儿与儿童时期,他们从未能对自己接收到的暴力对待展现出适当的反应,造成这种潜在的毁灭力的,并非是弗洛伊德所言的"死亡驱力",而是早期被压抑下来的情绪反应。

·005

有些教育学家,比如丹尼耶尔·戈特利布·莫里茨·施瑞博尔[3]为代表,曾在 19 世纪下半叶在德国再版了 40 次的那本著作中提出的残暴建议,为了达成驯服目标建议责打孩子,大部分父母都非常忠实地将这种建议实践在自己孩子的身上,过了 30 年,在这种教育下长大的孩子,也会用同样的方式对待自己的下一代,因为他们不知道还有什么其他的教育方法。这些在犹太人大屠杀发生之前的三四十年间出生,并且很早就受到驯服的孩子,我认为他们后来之所以会成为希特勒的帮凶,都是由于他们幼年时接受到的教育所致。曾经遭受暴行的经历使他们变成了乖乖听命行事的人,对他人的痛苦缺少同理心,暴虐的经历让他们的心中藏着一颗定时炸弹,这颗炸弹在无意识之中等待着适当的时机,将那些从未表达出来并储藏起来的愤怒,施加在他人身上。希特勒给这类人制造了一批"合法的"

发泄对象，让他们可以在不会被处罚的情况下，将他们很早就被压抑下来的感受与报复欲发泄出来。

人类大脑发展的最新研究，必定会在不久之后彻底改变我们的思维模式以及我们与孩子的相处方式，不过大家也都知道，那些旧有的习惯是非常顽固的，我们绝对需要有明确的立法与许多信息传递，直到年轻一代的家长可以摆脱传统的包袱，不再责打他们的孩子，不再不由自主地扇别人耳光，因为相较于扬起手来，他们正确教育的意识会更有力也更迅速地浮现在脑海中。

上述的这些想法，我曾在我的另一部著作《人生之路》中详细描述过，也许可以用来说明那些我认为孩子在人生最初阶段接触到的经验所造成的影响，不过我的意思并非往后的人生经验不重要，相反地，对一个曾在童年时期受过创伤的成年人来说，成年之后所接触到的有同理心的人将会占有决定性的意义，但是如果这些人了解往日的匮乏所造成现今的后果，而且又不会轻视这些问题，那他们一定就是真的非常有同理心，可惜的是，有这种敏感性的人少之又少，就连"专家"也不例外。

人生最初的几个月对一个成人的一生所具有的重大意义，长久以来就连心理学界也置之不理。我曾试着为这片漆黑的区域带来些许亮光，在我的几本著作里分别探讨了几位独裁者如希特勒、墨索里尼等人的生平，并说明他们是如何在毫无意识的状态下，将儿时境况转移到政治舞台上。不过，在这里我并不想花太多时间去研究过去的事情，我想针对的是我们现在的实际状况，因为我相信如果将童年这个因素也完全考虑进去，或许对研究其他许多领域会有所帮助。

为何童年这座宝库鲜有人探究呢？是因为人们害怕会在至今都未知的场域找到痛苦的回忆吗？这种迟疑是可以理解的，因为一旦我们设想自己是个孩子，就会找回那些被我们抑制住的过往经历，我们之中有许多人是不愿意冒这个风险的，他们不愿再体验一次自己曾经身为幼小孩子的无助感受，但他们不知道，这种过往经历为他们埋下了许多宝藏，因为他们可以借此寻回曾经丧失的活力与感受。

我将分别针对六个领域来说明对"童年"这座宝库兴趣缺失的状况，在这六个领域之中，我们其实可以推测出相反的观点，这几个领域分别是：医学、心理治疗、政治、受刑、宗教教育以及传记研究。

一、药物取代认知

每次我踏进药店，看到老年人按照他们家庭医师开的处方，让药店装好满满一袋的药品再递给他们的景象时，总是很受启发。有时候我会问他们，医生是否也会与他们谈论他们的人生或童年，他们多半会这样回答："怎么可能？医生根本没时间谈话，候诊室里永远人满为患，而且这么做又有什么意义？重要的他知道我生的是什么病，而且也了解这种病吧！"我偶尔也会问他们，是否还有其他人与他们谈论他们的人生，而我得到的答案通常是："您究竟想知道什么？我以前要工作，没时间闲聊，现在虽然有了时间，但是谁会对我的人生感兴趣呢？任何人都得自己想办法解决吧。"

没错，我们多半都必须靠自己想办法解决问题，但是如果刚好在我们年老之时，可以与人聊聊我们的童年，那将会让你觉得愉快又有帮助。在人年老体力消退、安全感降低之时，就会对所谓的"人生回顾"特别有感触，尤其自己还是个无助幼子的时期，也许天天抱着药瓶不放的行为，与当年迫切期待母亲协助是一样的，或许这种象征性的替代品的确有其帮助，但依旧还是比不上有某个人对病人的人生感兴趣。这种兴趣其实完全不像我们认为的那样需要花很多时间，但我们需要一扇通往过去的敞开之门，如此才能明白若要了解某人的人生，就必须认真看待其人生初始时期的原因。

事实上，饮食失调症的病因从很久以前就被认为是心理问题，许多医生都宣称他们了解这点，但是由于他们大多无法自如地对待自身的情绪，也很少有方法可以回溯自己的童年，因此他们无法理解病患身上的这种病症语言。无法理解病症语言如何引起无力感，而这种感觉是必须尽快被击退的，但感觉该如何击退呢？其中一种就是利用各种方法让这些病症语言沉默下去，如此一来就不会感到无力，反而会觉得自己强健有力。那么，该如何让病症沉默不语呢？

·009

方法有很多种，尤其是药物的利用，以厌食症的案例来说，还包括了详尽的饮食规定，这些规定非常接近病人心中的错觉，能让人无微不至地去照顾自己的饮食、健康与生活。电视报道中常常可以看到某些实行饮食计划的医院，是如何细致入微地管控病人的饮食计划，某些人因此体重增加。当人们感觉自己不是例外，也有其他人罹患了相同的疾病时，这种经验上的心理副作用可以帮助厌食症患者兴起些许求生乐趣，而且也许还会促使他们重新开始进食。

然而，厌食症的症结既未因此解决，亦未完全被触碰到，这些问题就是：为何他们会拒绝活下去？为何他们无法信赖自己的家人？为何他们必须被迫控制饮食？某些医院会让病人自问：我为什么会生病？引起我生病的最初原因是什么？我有什么感觉？我想逃避什么？这些问题都是很少会被提出来询问病人的，除此之外，在大部分的患者身上还可以发现沟通障碍的问题，这些常常是在幼儿时期就造成了。

我曾经看过一个有关厌食症的电视节目，节目中介绍了四位青春期的厌食症患者，节目记录下他们在医院的状况，最后还有专家讨论的桥段。一如往常地，这些医生都认为厌食症是医学上最难解开的谜团，我们完全不知道厌食症从何而来，接受治疗会让病况有所进展，最重要的是，患者必须对痊愈有信心。

若通过心理治疗，患者可以感知到自己真正的情绪并表达出来，进而恢复健康，但无论是记者或在场的医学专家，都不愿提到这种治疗方法，或许是因为没有有过这种经验的人参与这类的讨论吧。通常这种意见都会被压抑下来，因为都害怕对父母提出指控，但是如果不冒这个风险，我们就无法理解大部分患者的情绪问题以及他们的故事，而且如果父母因为罪恶感可能会唤醒他们心中的认知，而对罪恶感充满恐惧，以至于拒绝知道实情，他们也将无法学会理解孩子的问题，如此一来便会产生一个恶性循环，父母会因孩子的病症而感到痛苦，想帮助孩子，但却不知道怎么帮，而医生也无法获悉这些青少年生病的原因——除非医生自己有过经验,知道孩子的谴责并不会杀死父母,充其量不过是孩子要面对自己的过去而已,这种面对过去的方式或许可以引起父母的关注,让他们比以往更深入地与孩子沟通。

专家在节目里讨论厌食症时,将这种病症视为一种单纯的身体现象,事实上这种现象可能完全没有意义,因为这种解释对大部分的观众来说非常简单易懂,一旦患者的体重减轻非常多,还要继续大量减少饮食又缺乏矿物质,患者的饥饿感就有可能消失,这点很容易理解,大家也都能够了解没有食欲是有其生理与人体结构的原因的,这些说明都很清楚,但却没有解释出患病的原因,只提到发病后的状况。其实这种病起初是一个年轻人身上的痛苦经历,他没有可以倾诉自己感受的对象,因此也无法理解这种自己与自己的冲突,而他遇到的那些医学或心理治疗专家,同样也在回避这种冲突,因为他们惧怕这种行为会成为他们对自己父母的谴责。这些专家该如何帮助患病的年轻人呢?倘若有一个不会像上述专家那样畏惧的人,或者此人早已了解了自身的恐惧,并容许这种恐惧的存在,患者身边若有这种人的陪伴,便能鼓起那份将他的痛苦、失望、不舒服与愤怒表达出来的勇气。

无疑地,一场成功的治疗,首先要宣泄个人情绪,不过我可以想象,如果持续去了解童年,治疗师、医生与社工所提供的协助,治疗的成功率就会提升,但是这个领域对医学界而言仍是一个很大的禁忌。

已有许多人看出了医学上的这种困境,但这并没有保护他们免于成为庸医们的牺牲品,这些医生会提出各式各样不同的疗法建议,唤起患者治愈的希望,如果希望与信念比患者本身的判断力或领悟力还要强烈,有的时候也可能使病况好转,但是如果信念不够强,那么这个因身体病症而受苦的人,又该怎么办呢? 回溯那段被自己否认与压抑的童年故事,已帮助很多案例中的患者减轻了痛苦,尤其是当患者很幸运地遇到了某个有同理心的人,而这人又感性地解读出了自己的故事时。

长久以来,我一直认为若要处理我自己童年的故事,没有见证者亦无妨,因为我可以通过绘画与写作的方式独自探索童年的真相,到最后,我有幸找到了一位有同理心的见证者,感谢她的陪伴,我才能接受那些单单靠我自己永远也无法承受的事实真相,我才获得了自由,从而可以认真地看待身体与情绪传达出来的信息,不再让它们成为问题。

即便我们没那么幸运,没遇到一位有同理心的治疗师,也就是处理过自己童年、也不需将自己的童年投射在我们身上的那种治疗师,但倘若另外有个人会倾听我们受创的童年,并了解这些经历所产生的意义且不会轻视,那么我们也能获得协助。心理学家詹姆斯·潘尼贝克[4]就是属于这种类型的倾听者,他曾在《敞开你的心房》一书里描写过他的研究成果。在他众多的实验当中,其中有一项实验是让学生在独立的小房间里叙说自己的痛苦经历,让随之而来的情绪宣泄出来,另外还有一组人则必须描述一些不太能触动他们情绪的事件,例如买衣物或类似的事情,这些受测者都是心理学系的学生,以及大学附属医院的门诊病患,实验结果证实,比起述说无关紧要之事的人,那些将情绪性经验述说出来的人事后较少看医生,实验当中也测量了各种生理作用,如脉搏、血压、心脏与肌肤状况等,这两组受测者的测量结果则显示出相当大的数值差异。

潘尼贝克由这个实验所得出的结论与我所见略同,即受测者若有机会告诉某人自己的痛苦经历,而且又可以预期此人会感兴趣并能体谅,那么他的健康状况就会有所好转。当然,这样并不足以疗愈如厌食症等重症,但却可为患者的康复出一份力,然而这种治愈机会很少见于医生的治疗方式中,主要是因为医生没有时间倾听病人说话,就算他们有时间,也缺乏能够正确理解这种感觉的语言所需的知识,另外还有一个最重要的原因可能是:害怕揭开自己的童年创伤,这种恐惧常常由于会让病人感到害怕而被阻挡了下来。

　　50岁的伊莎贝拉是芝加哥的演员，不久前她告诉我她去看了一位内科医生，这位医生从不同角度给了她很多建议，当时的她患有慢性肠炎，这个病是随着一场心理冲击而来的。伊莎贝拉坚信，为了理解这场突如其来发作的病痛，以及这场病的意义与久治不愈的原因，她必须通过某个人的帮助去接近这场冲击所带来的几种感受，因此她拒绝服用抗生素。她没有发烧，但会抽筋，她认为抽筋是身体在表达压抑住她内心的痛楚。她请教过许多医师，甚至也找过顺势疗法⁵医生，所有人都很友善地让她述说她的问题故事，但最后的结果都只是简单地开了药给她。

　　伊莎贝拉期待这位新的内科医师能会较多的参与和体谅，因为他是第一个会要求她描述自己曾生过哪些重要疾病的人，而且他似乎很认真地在倾听。当伊莎贝拉成功在十分钟之内陈述完她深为关切的事情后，她对自己非常满意，这个经验像她这辈子的宿命，过去人们忽视她的心理困境，给她药物以治疗病症，她常常因为这些药剂的副作用而受尽折磨，但却没有解除她的症状，这同时也更加深了她的恐惧。

　　在她努力追寻病因的过程中，虽然承受着疼痛，但她很明确地表现出她愿意忍受，因为她坚信如果她找到生病的原因，症状就会缓解。她身上已有许多器官都动过刀，每次都会有不同的器官发出警告，接着又要开刀,她不希望这种经历周而复始下去了。

这位医生倾听了所有内容,同时也做了笔记,当伊莎贝拉停止述说后,医生拿来处方签,开给她三个礼拜的抗生素,并告诉她,如果她不想得癌症,或不久后再进行另一场手术,而且为了避免装人工肛门的风险,就必须即刻开始服用药物。伊莎贝拉十分震惊,正想接着再询问时,医生指了指时钟,说还有很多患者在等候,他又补充说道,她现在已经知道自己的状况了,所以如果她没有严格遵照医嘱,那么一切后果要自负。

毫无例外,在接下来的几天,伊莎贝拉的绝望与疼痛感日趋剧烈,后来她又听从另一位医生的建议做了许多检查,检查结果显示她的血液数值正常,超音波检查也未发现肠道有异样,她边服用抗生素边等待结果,最后终于找到一位可以处理造成她发病的冲击情绪的心理治疗师,她终于可以将自己的情感与强烈的感受表达出来,这让她回溯了自己幼儿时期的状况,短短几周后,她肠道的不适症状便已缓解,而且她也更了解自己的童年困境是如何通过病症反映出来的。

当然,要在这么短的时间内找到此类疾病的各种原因,并非每次都会成功,但若幸运,将会看到令人诧异的结果,无论如何,病人自愿走上这条路,是先决条件,但同样重要的还有:过程、谈话与倾听的心理治疗机会不能被拒绝。

有无数的病人对我口述过相似的受诊经验，但我偏偏选中了这则案例，因为它很明显地揭露了一种患者常常忽略而且也应该忽略的动力，此动力衍生自医生们的需求，他们会掩盖自己的恐惧与无力感，并拯救自己的威信。我认为，医生在伊莎贝拉生命中扮演的毁灭性角色，伊莎贝拉清

晰的表现方式迫使这位内科医生面对了 个难题，他或许从没想过这个问题，也不愿面对它，或者他就情理而言根本无法应付它。他起初似乎准备好要花时间去听伊莎贝拉述说她的病症故事，期待她会像大部分的患者一样描述症状，然后再按照大学里学到的方法去诊治，但是她却提到完全出乎意料的事，告诉他医学治疗如何一再地摧毁她体内的器官，她如何做了许多手术，而这些手术又如何一再徒劳地造成她需要去做其他手术。这位医生在求学与实习期间，不可能没听过类似的案例，但他显然不知道这种心理背景，也许是因为他大部分时间都在大学里。然而患者残酷无情的自我毁灭会以何种形式和方法来反射出童年时期的悲惨故事，这并非仅仅是一个大学的课题。

这可以说是自我毁灭吗？许多专家不只提出紧急建议，而且还强迫病人相信手术是唯一的存活机会，对于这些，病人可以拒绝吗？除了这些权

威人士之外,病人还能去哪寻求建议呢?老实说,如果有个人在孩童时期能够与父母同住,他的父母有能力处理自己的恐惧与其他情绪,且不会转嫁到孩子身上,此人若处在前述的状况之下,将能立刻察觉医生正试着将他自己的恐惧转嫁给病人。就是因为这个人在无欺骗也无虐待的环境下长大,在孩童时期他必定从未体验过这种反应模式,所以他将发展出一种能力,即看穿他人无意识的操纵手段。但是如果这人从小就可以表达自己的情绪,那么可能也不会得慢性肠炎吧!因此这种人很少会成为身心疾病的患者,至于会罹患此类疾病的人,在童年时期必定发展出了完全相反的行为态度,即:不提问、接收他人的恐惧、容忍反对意见以及服从权力体系,若非在有利的状况下获得全新的行为遵循方向,这种人很可能一辈子都会照做下去。

·017

对伊莎贝拉而言,与那位内科医生的这场对谈是个转折点,医生不去理会的那些她叙述之事,她已经牢牢记下了,她很清楚,现在问题的症结在于她要去承担结果,她不能期待某个陌生人(即使是个名医)能够在十分钟内就理解她的苦楚,因为他既未受过训练,也没有感同身受的动机。要解开她身体所传达的信息之谜,是她自己的事,这件事只有她可以办到,而且也必须要办到。她越来越清楚自己的症状是在述说她幼年时期的故事,若要接近这则故事,她需要一个人相伴,她觉得自己无法揭露孩童时期的痛楚,也无法独自熬过去,她必须找到一个见证者,一个她可以对他说出:"你看,我身上发生过这种事"的人,此人需曾在自己的童年经历过类似的事,如此一来他才愿意认真去看待她的故事。当伊莎贝拉终于找到一位这样的陪伴者,并且将几个月前发生的那场冲击情绪处理完毕后,她便有能力借由这种帮助再去找出那种全然的无力感,她的童年就是在这种无力感当中度过的。

  在她将父亲理想化了 50 年之后,她终于成功地在心理治疗师的帮助下让事实浮出水面,原来她在幼年时期曾被身为皮肤科医生的父亲性侵,由于她无法向任何人表达她的感受,因此常常会肚子痛或便秘,而父亲对她的治疗方式总是灌肠,灌肠对她来说是非常痛苦的,而且父亲每次还要求她尽量让灌肠的液体在体内保留的久一点。就象征性层面来说,这对孩子而言等同于需要保持沉默、独自面对痛苦并且遵从父亲的暴力,不过这种暴力绝非通过公开的残暴行径表现出来,反而是利用对孩子人格的忽视。父亲视她为玩物,从她身上获得满足,一点都没考虑到他的行为对她的人生会产生什么影响,而其中一种影响便是伊莎贝拉几十年来都乖乖听医生的话,就像她还是个小女孩时对父亲的服从一样,不过当年的她没有其他选择，因为母亲并未挺身保护她。

　　成年之后呢？身为一位受过教育的女性，她绝对有机会为自己找一个好医生，一位真的愿意倾听她的医生才对，为何她没那么做呢？她现在认为，只要她看不到父亲过去究竟是如何对待她的，她就没有办法那么做。在她读过了玛丽－弗朗西斯·伊里戈扬[6]的书《卑鄙行为的面具》之后，她来找我，说她觉得她终于找到了她的人生之钥。虽然伊莎贝拉曾接受过传统心理分析，她能够指出父母所犯的"错误"，但身为成年人的她也必须去理解这些错误才行。

　　在罹患肠病的50年间，伊莎贝拉做了许许多多的手术，在阅读了伊里戈扬的书后，伊莎贝拉明白了一件事：如果她继续试着维持父亲的理想形象，并忽视身体发出的警告讯号，她将会亲手毁掉自己的人生。她在《卑鄙行为的面具》这本书当中看到一段有关性变态的描述，其中的特质都是她的身体再熟悉不过的，但是她的理智却拒绝承认父亲身上的这些特征，她的拒绝必定会导致身体的痛楚无法减轻，直到伊莎贝拉可以勇敢面对所有事实为止。

　　在揭发了自己幼年时期的状况后，伊莎贝拉开始意识到，为何她称之为"冲击感受"的事，无法获得任何人的感同身受或理解，因为在这件她试图想传达出来的事实背后，隐藏着一个小女孩的痛苦，这女孩还不会说话，她完全仰赖于成年人的理解力，她无所依靠。因此，伊莎贝拉虽然感觉到了冲击，但只要她仍愿意不计任何代价地维持对父亲的爱，那么所有程度的冲击感受就会一直被埋藏在她自己心中。

对外人来说，其实并没有发生什么惊天动地的大事，没有意外，不是绝症，也不是什么可能会立即引起外界同情的事件，伊莎贝拉所遭遇的是一种认知错误，她意识到自己沉湎在一种会毁掉她的人生、健康与人际关系的模式之下，而现在必定有某些根本性的问题出了状况。为了说明为什么会有这样的认知，在这里我必须针对一些细节部分加以陈述。

伊莎贝拉遇到的冲击发生在她和剧团受邀到都柏林演出的时候，这里也是她度过童年的地方。她打算在这里和她青年时期的友人约翰碰面，约翰以前很喜欢她，而且她也觉得他很了解自己，自从伊莎贝拉移民到美国后，两人已失去联系 30 年了。伊莎贝拉在美国结了婚，生下两个儿子后，与前夫班恩哈德离了婚。由于爱尔兰对她来说已变得陌生，因此她很少会想到约翰，但是每次想起他时，总会有一股暖流涌出，有的时候她会自问：为何她没有留在约翰身边呢？他是真的很爱我吗？是我自己放弃了自己的幸福吗？

在伊莎贝拉的想象中，约翰还是当年那个腼腆梦幻的年轻男子，很欣赏她，不会对她有所求，而她现在的另一半彼得则是完全不一样的类型，彼得总离不开她的支持，只要一点点微小的挫折失意就足以让他大发雷霆。此次爱尔兰的演出之旅，彼得并未如往常一样随行，所以伊莎贝拉可以好好地让自己重新变回都柏林那个年轻的女孩，也就是当年刚离开修道院附校的那个女孩。终于自由了，她希望能够尽快忘掉一切，忘掉殴打、侮辱、长期控制，以及那间只要她表现出一丁点的反抗，就要被关在里面的阴暗小房间，她现在想听约翰说说当年在她身上感受到了多少的愤怒、恐惧与孤独。

·021

然而，约翰什么也没感受到，这场都柏林的会面，他甚至试图劝她忘了记忆中的事。"不，你搞错了，"约翰说，"当时的你很快乐，很有活力，很爱玩，别人根本感觉不到你心中有伤痛，你不记得我们以前常常去跳舞、听音乐会和看戏了吗？你对人生充满好奇，我非常欣赏你。"

当下的伊莎贝拉还不知道为何她会失望，约翰很亲切，而且他说的是事实，他当年只感受到她想让他感受到的事物。与约翰碰面过后，她在都柏林的半夜时分，在陌生的饭店中醒来，在这座她度过童年的城市里，她感觉自己的肠子剧烈绞痛，她不想叫医生，因为她觉得这种疼痛感和她与约翰的再度碰面有关,但是她却不知道究竟是什么事让她如此震惊。直到清晨时分,她才绝望地失声痛哭,心中升起一股痛楚,痛到几乎要引起胃痉挛。渐渐地,她意识到:"约翰从来没看到过我的痛苦他只看到我体内的那个快乐的小女孩,我的确也曾经快乐过,但大多都是我在他面前或在自己面前假装出来的,从来没有人看到我,我始终都是全然孤独地面对所有造成痛苦的事。"那份希望从约翰身上看到 位知情见证者的期待,只是种错觉。

她哭得撕心裂肺,这辈子她还从没这样哭过,由于不想独自面对这种痛楚,她想打个电话给彼得,但体贴的她并不想吵醒彼得,因此又等待了七个小时,直到芝加哥也天亮了以后,她才打电话过去,询问彼得是否有时间听她说话,她现在需要的是有人倾听,因为她不希望独自哭泣。请求彼得做这件事对她来说并不容易,她从没有这样要求过。

然而她此刻的需求是如此的强烈,也就是从某个亲近的人身上感受到同情,以至于放下了所有的小心谨慎。事后,她这么告诉我:

我当然希望获得体谅,因为我自己还无法完全了解,无法领悟为何一场"小小的"契机会突然引发这些如洪水般的眼泪,但是彼得不体谅,倘若能听到他说句友善的话，我也应该会很好受，可我听到的却是残忍无情地斥责。

　　他显然因为我的这通电话而受不了，他当时应该正在他的律师事务所里，可能在那里听了太多烦扰的事情，而我又这样突然打扰他，戏剧性地呈现了所有的事情，让他以为是不是舞台上的演出还不能够满足我？最后，他劝我不要继续旅行，但我再也不听他的了，此外，重回出生地本来就会引起许多回忆，不久后就会过去，这不是非常正常的吗？

　　这通电话之后，伊莎贝拉一如往常地试图去体谅彼得，以及他无法忍受的原因，或许她也试着去了解，她的感受之强会让他恐惧，但她的身体立刻以新的绞痛方式传达出它的失望，这次的疼痛迫使她向医生寻求协助，医生开给她同类疗法的药物，因此她虽然整夜无眠，但仍能在晚间登台演出，可是她的极度疲惫与哀伤，导致她隔天不得不返回家中。回到芝加哥后，痛楚再次袭来，从此开始了她的慢性病，她看过无数医生，服用过无数药物，最后终于找到那位心理治疗师。通过这位治疗师，她看清了父亲的侵犯对她至今的人生有何影响。

　　我不认为仅是揭发乱伦的过去，就足以让伊莎贝拉痊愈。此次揭露伴随着强烈的情绪,两者连结在一起,因此揭露绝对是必要的,揭露过去起着决定性的作用,伊莎贝拉能借着揭露过去获得一连串其他的发现,并且做出许多决定。此次揭露突然将焦点集中在所有伊莎贝拉过往的两性关系上,这几段恋情都因她幼年不堪的过去与她的猜疑而受到了影响。除此之外,揭发了这件事后,也使伊莎贝拉能够重新检视她对彼得的态度。

通过在都柏林时的情感震撼,以及彼得在电话上既不同情又拒她于千里之外的反应,伊莎贝拉得以认清,每当男人否认她的真实性时,自己有多么的痛苦,不过她同时也意识到自己也是造成这种情形的推手之一,因为她在这些男人面前把自己伪装成完全不同的伊莎贝拉。对约翰来说,她是他青少年时期单纯又快乐的伴侣;对前夫班恩哈德与后来的彼得而言,她则是个可供支配的对象,但这个对象却可能没有需要他们的地方。这种行为方式在面对两个儿子时,自然她的角色就会是个母亲,但也就是在这种状况下,而且也只有在此,作为母亲的功能性才被恰当地发挥出来,有时她会利用权力去拒绝孩子无法理解的事,而她自己也因此受伤。伊莎贝拉只能通过她的工作来表达她真正的感受,但可悲的是,这些感受只属于其他人,也就是她演出当下的观众,她本身缺乏对自己的认同性的权利,这个孩子的权利很早就被人否决掉了,她就这样持续对自己隐瞒了

50 年之久。

和约翰碰面过后的那天晚上，伊莎贝拉肠绞痛首次爆发，这次疼痛使她面对了几个问题：我究竟是谁？为何我在每段男女关系当中，都不是完全的存在？如果别人看不到我，我很痛苦，但如果我不把自己呈现出来，对他们隐藏起真实的自我，其他人又怎么能看到我呢？我为什么要这么做呢？

·025

伊莎贝拉后来在接受心理治疗时已经可以回答这些问题，通过治疗使她渐渐意识到，也许她自出生起，就必须发展出一种存活机制，才能够保护这个父母不把她当人看待，利用她来满足他们个人欲望的小孩免于痛苦。为了逃避这种痛苦，伊莎贝拉学会不去考虑自身的感受与需求，在自己与他人面前隐藏起自己，干脆不要出现、不要存在。如今她这么说，这就好比她杀了自己一样，她认为自己从小就有人格分裂。

在治疗当中，伊莎贝拉明白了当她被父亲侵犯时，她就已经学会在那个她爱的人面前隐藏起自己的真正性格，这个人在接触她时并不把她当人，因此使她受伤至深。这位年届 50 的女性现在可以看着我的眼睛说：

"我必须说出来，而且是要对您说，因为您曾写过《你不该知道》一书。

我的身体对他来说只不过是让他自慰的工具罢了。您可以想象当人们发现这个事实时会有什么感受吗？他连一秒钟都没有想到过，他会因此毁了我的人生，因为我身为一个人，一个有感觉的人，对他而言完全是不存在的。每次我说出这些的时候，我仍旧会感到伤痛，不过这是有必要的，因为我终于从父亲爱我的自我欺骗中走出来了。

·026　　　我第一次有意识地感受到那些痛楚，是在我听到约翰说，他在我身上只看到一个快乐女孩的时候，我现在很高兴经历过都柏林的那个夜晚，因为我总归还有一段人生路要走，我希望这段人生可以不再逃避，我已不再需要隐藏自己，因为我不必再去保护那些曾经发生过的事，以前我完全拒绝承认这些事，我不断寻找的那些异性对象，他们根本不爱我。我现在已经停止扮演一个勇敢的女孩了，我也停止在戏剧角色当中寻找真实的自我，我终于有勇气当真正的我，以我真正的样子生活，从那之后，我肠绞痛症状再也没发作过。"

弗洛伊德在百年前发现，精神官能症常可归因于压抑的乱伦经验，他还认为只要停止压抑与否认的心态——必要时要借助催眠术——就足以在病人身上有疗效。这种理论没有什么成功案例，因此他放弃了这份有关精神官能症的诱因是出于否认受创童年的假说,去研究心理分析学说,而众所周知,心理分析学说是反对上述假说的。

我认为伊莎贝拉的故事能帮助我们了解,弗洛伊德的病人为什么没有成功突破。光是放弃压抑(更遑论借助催眠术,催眠术常会任意忽视掉防御屏障)并不足以让人从最原初的生存机制当中解放出来,或者为曾受创的孩子打开通往信任的道路,即便是教育措施与劝说,也不足以让那个隐藏起来的孩子在成年后鼓起勇气来支持自己,仍然只有身体知道实情的话就不可能。唯有揭开事实,并且揭露那些儿时机制的逻辑性、一贯性,才有可能让这些人以及如今几乎以自动的方式重复出现的状况得到解脱,而这些则要在保证有正直之人的陪伴之下才可能发生。

无论是面对受创童年或是揭开各种过去必须被建立起来的防御机制(孩子必须如此才能保护自己免于承受那些无法忍受的痛苦),两者都是治愈过程所需要的,对成年人来说,这两者都是他们已经可以承受的。

伊莎贝拉当然早就知道,她对于那位内科医生期望值太高了,她说她如今已不会再对他的能力不足而感到生气,但是她认为如果这位医生可以对她说:"您的追寻方向似乎是正确的,您的肠子极其敏感,且常常因心灵上的痛苦而痉挛,请您试着找专业人士谈谈您的冲击。"光是这样的几句话对她而言也是有帮助的。

我深信，如果医生愿意采取这种态度，而非引起病人的恐惧、不关心病人身上的故事，那么就可以阻止更多的手术与悲剧发生。没有人会期待一个内科医生在遇到像伊莎贝拉这么复杂的案例时，能找到一个解套办法，或者不只让病患感受到自己的情绪性病因，甚至能由病人的童年经历揭开这种情绪的诱因；但是如果医生能够尊重自己的有限性，并且对身心医学有所了解，他便能帮助病人更容易找到生病原因的蛛丝马迹，然而医生非但没那么做，反而满足于行使自己的权力，并将恐惧感转嫁给患者。

我并非要用这个篇章来推广替代性疗法，从没这么想过，我只想借由这些例子去说明，如果医学界不再忽视童年这项要素，而能够把它纳入医学教育当中，那么对医学界来说也是有益的，当然对心理治疗而言亦然。

二、心理治疗如何处理童年事实真相

外行人也许会认为，心理治疗师关心当事人的童年经历是很理所当然的，然而这并非常例，事实上心理治疗界里有许多流派在他们工作时不会去考虑童年，或者他们只有在无法回避时才会偶尔触及这个领域，甚至有很多心理治疗师认为，关注童年话题会造成伤害，因为患者会感觉自己是牺牲品，而非像现在一样是个成熟、负责任的人。

其实我也认为成年人需要对自己的行为负责，只有身为孩子才会是个无助的牺牲品，但我觉得就是要对童年有所知悉才能帮助患者了解，为何他仍旧感到自己是个无助的牺牲品；通过心理治疗，他能学会了解并放下牺牲的心态。据说有人能借由行为治疗师的协助除去恐惧，这真要恭喜他们，但是有许多人这么做并未成功，他们即便通过药物治疗，依旧无法摆脱忧郁症，因为对他们来说，知道自己是谁，为何自己会变成现在这个样子比如何摆脱忧郁症更为重要。

对这种人而言，处理自己的童年，需认真地挖掘童年这座宝库，然而，如今的心理治疗教学都将医治重点放在给予药物上，这点着实令人惋惜。当然大家都明白，如果患者的大脑无法制造出多巴胺，定期服用这种化学药剂会让患者觉得极有帮助，但为什么他的大脑不能制造多巴胺呢？这个问题并未得到解答，而能够治愈的关键，也许就在这个答案里。

·029

或许给予某种调节物会有短暂的帮助，尤其是在病人对患病之因不感兴趣的时候，面对这种案例时，医生也许就只会开给患者药物，但是许多精神科医生即便知道探索自我有其可行性存在，但仍然只会提供药物给患者。

我认为今日这种心理治疗伴随药物使用的趋势是有问题的，因为大部分的镇静剂会削弱患者对受创童年的好奇心，让他去遮蔽童年的实情，并且持续危害心理治疗上可能获得的成功。

我认识的一户人家里，有个女人20年来不断受到严重忧郁症的困扰，有时甚至病得卧床不起，这是因为她拒绝进食，所以几乎没有力气起身。已有无数医生想要通过药物与谈话的方式治疗她的疾病，虽然有可能在短期内缓解症状，但也会引起极为严重的复发。有一次我偶遇她的丈夫，问了有关她的状况，她丈夫很绝望地说，对于她的自我摧毁，他几乎受不了了。我问他，他妻子是否曾通过心理治疗发掘出某些童年之事，他回答道："天哪！那会害死她的。"他很熟悉他妻子的父母，他们对待女儿的方式非常专横。

这个男人和妻子一起经营一间旅行社，当我后来又有一次打电话过去的时候，是那女人接的电话，我发觉她的声音有点异常。我问她过得如何，她说虽然他们的公司运营状况并不理想，但她的忧郁症已经一年没发作了，自从她找到了一位不会开药给她，而是让她阐述童年的心理治疗师之后，没多久她的症状就开始好转。这位女士经历了一段痛苦的时期，但她一直觉得有人陪伴着她，让她成功找到了生病的原因，她觉得现在的自己更加坚强，也长胖了，而且特别高兴能感觉到自己的存在，而不会觉得药物使自己越来越与自己疏离。因为这位女士不知道我以前当过心理分析师，也没看过我的书，所以她是在完全没有预设立场之下对我述说这些的。

"您想象一下，"她说，"我折磨我的身体好多年了，我毁了我的人生乐趣、我所有的喜悦，我总是想象着，我的父母是爱我的。通过心理治疗，这种幻象瓦解了，而且我现在可以看到自己付出了多少代价，我突然有了力量，可以照顾我自己，我不再是牺牲品，因为我发现自己长年以来对待自己的方式非常残酷，但我却没意识到。"

·031

是的，这位女士对待自己身体的方式，和她小时候父母对待她的方式一模一样，她的生活中不能有乐趣，必须服从父母的命令，她几乎因此而崩溃，她不能察觉任何实情，不能去弄懂发生的事，不能看清自己成了牺牲品——成了她父母悲剧故事的牺牲品，因为她的父母本身也曾是被专横对待的孩子。忧郁症与厌食症让这个女孩能够继续躲在自我欺骗的房子里过着痛苦的生活，但这并不是真的活着。她的丈夫很爱她，也想帮助她，但他就像所有之前的医生和心理医师一样，认为必须避免让她面对现实，因为她太过软弱，会承受不住。然而,正是事实拯救了她,当她不再需要自我欺骗后,她找到了力量,可以清楚地看到父母的摧毁手段,清楚到她必须停止自己继续这么做。

心脏科医师迪安·奥尼什[7]在著作《爱与存活》当中写道,生活在稳定人际关系当中的心脏病患者,其存活机会比孤独者要来得高,此外奥尼什医生也利用数据来证实这种说法。无疑地,他的论断是有道理的,爱就是最有效的良药,然而人其实是生活在家庭的圈圈里,并非孤单一人,但这个事实并无法说明生病的人是否有爱的能力。方才的例子显示,这位女士如何受到自己丈夫与女儿的悉心照顾,但实际上只要她找不到通往事实真相以及她真正的感受与需求的入口,她便完全只能靠自己,陷入一种持续不断的抗争之中,对抗着不去知道她身体所知但她的精神意识上却无法接受的事。她有一个让人喜爱的丈夫,她希望去爱他,这种感觉之强烈就如同她想爱自己的女儿一样,但是她爱人的能力却因为这种内在抗争而受到了阻碍,直到她下定决心找出真相时,她才得以将自己从这种阻碍当中解救出来。

虽然我绝对尊重几千年来有关爱的力量的说法与文字记录,但是我们也不能忘了,单单只有善良的心愿与希望,并不足以让不断设法毁掉自己的人敞开心扉去爱别人,我们反倒应该这么想,如果这人小时候没有被扼杀在他自己真正的本性当中,那么这场令人绝望的抗争便不会发生了。

如果找出源头是当事者的愿望，而且治疗师本身也已走过了这样的一段道路，我认为心理治疗工作也能够显现出造成某人成长过程不幸的根源，而且特别是这种工作才办得到，因为治疗师会知道这条路上潜伏着哪些危险，不见得每个人都有必要或值得推荐去深入回溯过去，有的时候只要稍微接触到童年实情，就已有疗效了，而这么做的前提是，当事人必须同时感觉到，需要有一个善解人意的人陪伴在旁，如果没有，等于是在重复当事人的创伤。

在处理眼前发生的问题时，总是会一再出现因童年受创事实而产生的一些最原初的印记。渐渐地，产生出一种形象，在这种形象中，当事者会发现他由于害怕、臣服、适应、自我否定与盲目等状态，而设定出某种行为的原始程序，并且发现自己其实是有办法摆脱这种程序的，如果没有这样的认知，举例来说，所谓的解脱，将会由被称为神经语言程序学（NLP）、行为疗法或其他许多方法，暂时沦为自我控制的技巧，其正面成效或许能持续很久，在有利的外在条件下甚至能维持相当长的时间，但将童年创伤经历重现在自己、孩子或其他人身上的冲动，并不会因此而解除，一旦外在条件恶化了，这种重现的压迫便会再度活跃起来，学习而来的自我控制并不能与这种冲动匹敌。

这种结果是必然的，因为毕竟我们的身体完全了解我们经历过的事，但身体里也藏着一颗心，这颗心希望完全掌握我们、调度我们，这种控制手法与小孩在出生后的头几个月或头几年里,从父母身上学到的东西是一样的,因此身体不得不弃权,开始顺应与服从,但它偶尔又会通过病症来为它的困境提出警告,就像拒绝上学的孩子常常会生病,但父母却一直不理解原因为何。父母的权力欲可以掩盖住他们自己的无力感,但如果表现出的权力欲越强烈,孩子的病症语言就会越发难以理解,且更加具有隐蔽性,导致最后无法产生有效的沟通,因此唯有放下权力欲,孩子的困境才能清楚地表达出来。

我认为有效的心理治疗至少可以让患者将他最初的困境表达出来,当我们想逃离那背负在我们身上的事实时,我们其实跑不了多远,事实会一直跟随着逃跑的行为,带给我们痛楚,使我们做出后悔的行径,让我们更加迷惘,削弱我们的自我意识。如果我们正视这些事实,我们便有机会去认清它们,了解缺少的是什么,以及导致情感生活空虚的原因是为何。

幼年受过创伤的孩子,他们的人生从来就不单纯,例如那位开旅行社的女士,她就是因为如此才会在夫妻两人必须离开那间她成长的房子时,再度患上严重的忧郁症,并引起了几种并发症,但这些症状所代表的意义最后都被发现了,并在很短的时间内就找到了方向,不用害怕可能会引发灾难,相反地,如果患者感觉到治疗师对自身童年有所恐惧,以至于患者陷入了治疗师的恐惧之中,致使他未以成人的身份去感受、理解他自己的童年,再度迷失在他受创童年的恐慌当中，那么患者身上这种有可能导致灾难的恐惧感是不会消除的。有系统地处理童年经历能让当事人获得一种参照标准，使他越来越能够理解自己身上出现的瘫痪现象，并组织编排这些现象。

我在受训期间的一位同事布里吉特曾告诉过我一个类似的故事。在经过她的同意后，我将这个故事稍微改编了一下：同事 A 告诉她，另一位同事 X 据说因为性侵而被牵连进一桩案件中，布里吉特问 A 自己是否可以向 X 询问这则谣言的可信度有多高，A 给了她肯定的答案，于是，她联络上 X，X 把整个过程详细地解释给她听。X 本来是一间机构的负责人，该机构的工作是调查受虐儿童的寄养地点，其中一个案例显示，该寄养家庭会虐待被寄养的孩子，X 说这孩子的寄养父母已经服完了刑期。听到 A 所说的这则谣言，X 觉得非常愤怒，因此决定警告 A 将会对他提出毁谤诉讼，A 立刻掉入童年时期类似状况之中，他打了通电话给布里吉特，将自己的教养展露无遗：他说他知道布里吉特一直不是很喜欢他，因此她现在想毁了他。布里吉特问他，是否还记得她向他征询过可否进一步去追问，而且他同意了，但他却对着电话大吼："我不想和你说话，我很生气，你做的事让我觉得恶心。"布里吉特又问，如果他是她难道不会做出同样的事吗？他喊道："我绝对不会做出这么可怕的事，"然后还重复了一次："我不想和你说话。"布里吉特说，你打电话来就是想和我说话啊,他回答道:"不是,我只想告诉你我的想法,但是我并不想和你这种人说话。"

布里吉特觉得自己仿佛看到了一个愤怒的父亲,完全不让孩子发表一丁点意见,布里吉特猜测,A过去应该常常遇到这种情况,但是他自己对这种状况有可能会毫无知觉吗? A 和 X 都是接受过分析教学与治疗训练的精神科医生,布里吉特对于 A 不受控制的发怒反应非常惊讶,也很吃惊他竟然无法意识到问题是出在自己身上。对于 A 这么轻易地就将她当作攻击对象,布里吉特认为,A 的母亲从小将他交给了粗暴的父亲,因此 A 对母亲感到很愤怒,而此刻他则将这种愤怒转嫁到了布里吉特身上,他显然感觉不到现在是现在,因为 X 的那封威胁信直接触发了 A 的情绪按钮,让 A 想起了儿时的情景,以及小时候对挨打的恐惧感,由于过于害怕,他已无法清楚的思考,对自己应负的责任也没有意识。布里吉特在结束对话之前还补上一句:"你把我当成你的敌人,但是我并非你的敌人,我希望等你的怒气平息后,你能意识到这一点。"

隔天,A 再度打电话给布里吉特,而且态度有了 180 度的转变,A 的心理治疗师已协助他写了一封充满善意的信给 X,他在信中告知 X 是哪两个人将这个错误信息传达给他的,并为自己的行为向 X 道歉,他也请求布里吉特原谅他这么激烈地攻击她,他说他也不知道自己突然怎么了,应该是前阵子工作紧张过度造成的。布里吉特试着说出自己的感受,说她在昨天的那通电话中,觉得自己就像个想解释行为原因的孩子,并希望父母能想起他们的允诺,但父母却不让孩子把话说完。布里吉特说她很了解这种状况,因为她自己有过类似的经验,而且她的当事人也曾描述过。"我知道,"A 说,"你把所有的事情都归咎给童年,但我对你发怒和我的童年无关,虽然我以前常常被打。我的治疗师认为我之所以会攻击你,是因为你是女性,相对于威胁我的那个男人,我比较不怕你。"

·037

布里吉特很高兴这件事可以圆满落幕,但她同时也感到很惊讶,A 最初是在童年的状态下与她对话的,这对她来说非常明显,她觉得很有可能是因为 A 冲动型的父亲过去都不让他把话讲完,因此他常常处在类似的恐慌当中。但也有一种可能性是,他只能用攻击母亲的方式活下去,尽管此事实使他情绪上有了很强烈的反应,但他的意识似乎仍未清醒,因为他的心理治疗师为他提供了一种与女性有关的解释,同时排除掉了童年的因素,使 A 听任自身情绪的摆布,而未能理解这种情绪。

我遇过很多类似的行为模式,每个人都知道否认的力量,我在自己身上也发现过几次,但心理治疗师不能和病人有同样的否认态度,治疗师本身受过的训练应该可以协助他自己,从当事人伤人或自残的冲动当中察觉到当事人过去经历过的事,并为当事人揭发这个事实。我们每个人都有自己的防御机制,为了了解这些防御机制,就必须寻求心理治疗师的协助,心理治疗师不必无所不知,因为他也只是个自己能力有限的普通人,但由于他跨过的障碍和他的当事人并不相同,因此他可以帮助当事人逐渐卸下他的否认。

我之所以这么详细地描述布里吉特的例子,是因为我想说明,即便是未来要成为心理治疗师的人,虽然他们自己也都接受过心理分析的治疗,但还是会回避童年时期由于侮辱与责打而造成的创伤话题。A就如同他自己所说的一样,小时候常常挨打,但只要没有人陪在他身边,他便无法把这种感觉表达出来,这是很容易理解的。可惜的是,帮他做心理分析的治疗师显然支持他使用回避这种方式。

A的心理治疗师应该要察觉到,当A被他自己那由于不了解而无法控制的怒气操控着,并攻击或诋毁那些什么事也没对他做过的人时,他让自己陷入了巨大的危机之中。对于已经研究黑色教育很久的布里吉特来说,她很明显地看出,A承袭了父亲或母亲或者两方皆有的行为模式,他们会怪罪、责骂孩子,不让孩子把话说完。倘若A对于布里吉特的暗示能有所反应,或许便能引发他去思考,他也就不会被治疗师判定为行动与童年无关,反之他所接受的心理分析治疗将会更强化他对个人的否认,同时在事后也用这种方式去治疗他自己的病人,这么一来他将无法摆脱复制父母行为模式的冲动。由于A将从事心理治疗师一职，他的病人也会因此步入复制冲动的循环当中，对于病人来说，心理治疗契机的出现，在于幼时被压抑住的情绪的背景因素是否能够被理解，但 A 的病人却会因此而无法受益于这些契机。

三、体罚与政治"使命"

如果让一个孩子相信，人们侮辱他、折磨他是为了他好，那么他可能一辈子都会这么认为，导致的结果便是他也会虐待自己的孩子，并且以为自己完成了一项很好的工作。这孩子即便小时候遭到父母的责打，依然认为父母的行为是善良的，那么那些被他必须压抑住的愤怒、不满与痛苦该怎么办？

所有这些问题都使我更加了解我童年的第一个问题的答案：邪恶是如何产生于世？我越来越明白：邪恶在每个世代都会重新被创造出来，新生儿是无辜的，而他们的天资也应如是，新生儿不会有摧毁生命的冲动，他们希望的是被人照料、被保护与被爱，以及自己爱自己，如果没有满足这些需求，甚至还去虐待这个孩子，那么就会产生决定性的影响；如果人的心灵在生命成长之初遭到折磨，那么他就只会感觉到毁灭的冲动，一个在爱与照顾之下成长的孩子不会有动机去征战，邪恶并非人类本性的必需品。

虽然这种认知对我来说既清楚明白又具有说服力，但我还是有些迟疑，因为没有几个人和我有一样的想法。为了证明自己的推断无误，我开始着手研究希特勒的一生，我认为如果我发现的事，可以在这个人身上得到证实，如果我成功揭示了我眼中这个可怕的大屠杀凶手与罪人，是从小被他的父母塑造成一个怪物时，那么性本恶这种流传下来的安慰人心的想法，就不再能立足了。我曾在《教育为始》一书中描述过希特勒的童年，但是很多人都不太能理解，当时有位女性读者写了一封信给我："如果希特勒有五个儿子，他就可以将他童年时所受到的折磨与伪善报复在他们身上，也许这么一来他就不会把犹太人当成牺牲品了。面对自己的孩子，所有自己经历过的事都可以在不受到任何处罚的情况下爆发出来，因为杀害自己孩子的心灵总是会以诸如教育或管教等说法加以掩饰。"

　　然而，并非所有读者都能接受我对希特勒的分析，或者承认这个极端的例子可以清楚地显示邪恶是如何产生的。无辜的孩子变成了怪物，事后不只威胁到他自己的家庭，甚至威胁到整个世界。有人反驳我说，许多孩子虽然被打、被虐待，但长大后并没有因此而变成大屠杀的凶手。关于这种论点，我同样认真对待，并认真研究此问题，即孩子如何能在残忍的虐待下存活，并且长大后不会去犯罪。阅读了许多人的生平简历后，我终于发现，在所有日后未成为案犯的受害者案例中，他们身边都有一个很喜爱这孩子的人，并且用这种方式使这孩子能察觉出那些虐待行为是不正确的。我将此人称之为协助见证者，有这种人存在的地方，孩子便有机会比较与觉察出自己曾遭到了恶行对待，并可将自己与那位友善的人比做同类。陀斯妥耶夫斯基就是个著名的例子，他的父亲对他非常残暴，但母亲的性格却很慈爱。

在没有这种人的地方；在除了残忍以外别无他物的地方；在没有协助见证者可以让孩子感觉到自己遭受了恶行的地方，孩子就非常有可能将他痛苦坚持挺过来的那些折磨，当成是对他最好行为的指示，且在日后施加于他人身上，不会抱有一点不安和内疚，使似善变成了他思想的一部

分。希特勒在父母身边学会将责打与侮辱当成是必要且正确的行为，成年后也展现出相应的行动，借口要拯救德国就必须杀害犹太人，其他的独裁者也同样将他们的报复行为思想化，如：拿破仑不顾一切代价地想建立大帝国等。

社会对此机制的视而不见导致战争永远都有爆发的可能性，因为战争爆发的原因仍旧不为人所知。虽然所有历史学家（至少在德国）可能都知道，腓特烈大帝[8]是如何惨遭其父贬抑与虐待，但我却找不到任何相关方面研究，在讨论这个敏感孩子的被虐待与成为开明君主后强制发动侵略战争两者之间的关系，显然，这个话题仍属禁忌。

自从有人类以来，就上演着同样的剧目：男人上战场，女人对着他们欢呼，但只有少数几个人扪心自问，在这些欢呼之前发生过什么事？侵略

战争一再被伪装成防御行为，或称之为神圣使命，其悲惨的后果则是，绝大多数人无条件地相信这些说法，因为他们看不见那所谓的"使命"背后的故事。唯有我们了解邪恶是如何产生的，以及我们如何唤醒了孩子心中的邪恶，我们才不会继续无能为力地任凭邪恶摆布。

　　然而，我们离这个目标仍然很远，在美国还有 23 个州仍然允许学校打小孩，就连最微小的违规行为都会受到处罚，处罚方式多半是用棍子打屁股，由一个专门负责的人来执行，他们有一长串分门别类的体罚方式，其目的在于教会孩子"守纪律"。孩子们在走廊里排成一列轮流受罚，他们似乎认为这些制度化的严重羞辱是正常的教育理念，直到后来学生们成群结党时才会开始感觉到那些被压抑下去的怒气。对于报复行为，社会提供了各式各样意识形态上的委婉说法以及基本的推托之词，大部分的父母都接受这个制度，甚至会期望听到这样的说辞。即便有少数几个父亲或母亲不接受这些，但却几乎无法与主流论调相抗衡，光是在得克萨斯州，根据"nospank.org"网页的报道，一年内便有 18 万名儿童被责打与羞辱。

　　很多教师无法想象一个没有处罚体制的教育是如何运行的，由于他们自己也是在暴力中成长，所以他们也偏好进行体罚。因为他们很早就学会去相信体罚所带来的"成效"，对于孩子受苦时的敏感性，他们既未在自己的童年中培养出来，也无法在求学时学到，因此他们几乎没有意识到，体罚最多只在短时间内有其"正面"效应，但长期下来将会增加孩子与青少年的攻击行为。

当一个在家常被打的孩子坐在学校里，他所有的注意力却必须集中在如何避免被体罚时，那么他就几乎无法专注在课业上了。孩子会很紧张地观察老师，为了挨打而做准备，因为对这孩子来说，挨打是不可避免的宿命，他几乎不可能会对老师嘴里说的东西产生兴趣。不断地被打与处罚必定无法唤起他的求知欲，但相反地，体谅这孩子的恐惧有时却能达到意想不到的效果，无论如何，如果老师想从根本上帮助受虐儿童，就绝不能忽视孩子身上发生的事实。

在立法方面，我们也会遇到同样的状况。要承认我们的孩子有权享有尊严不是件易事（即使我们由衷地希望去承认），只要我们没意识到，在我们自己的童年时期，在某种程度上已经被剥夺了这种权力。我们常说要按孩子的兴趣来做事，但却没发觉我们正在做与之相反的事，只因我们太早就学会了不去感受相关事物，这种无感比任何一种我们后来学会的东西都还要强烈。以德国立法为例，在 2000 年 9 月，德国国会明确剥夺了亲生父母的惩罚权，在 1997 年时这种权利法律还是被认可的，只有如老师、师傅、养父母等外人无此权力，那时大约五分之四的国会议员认为，由亲生父母施加的体罚在特定状况下能起到正面作用，因此始终有人提议，孩子必须通过暴力才会明白交通的危险性，并借此学会保护自己。

一个因为这种原因而挨了打的小孩，不会因此保护自己以防被车撞，反而会惧怕父母，同时也学会了忽视自己的痛楚，以及完全不去感受痛楚，甚至还要觉得内疚。由于这孩子在被攻击的时候没人保护他，因此他会以为小孩是不值得被保护及尊重的。

·045

这种错误信息将会被当作信息储存在他体内，并决定了他的世界观以及日后他对待他人与自己的态度。这个孩子失去了捍卫自己尊严的权利，也无法辨认出身体痛楚所代表的警告并进行自我调适，而他的免疫系统则可能因此而受到伤害。如果这孩子没有其他的榜样可以学习，他便会将暴力与伪善视为唯一有效的沟通工具，并且习惯性去使用这种工具，因为那些曾经被压抑下来的无力感会习惯于让成年人维持在压抑的状态下，所以才有这么多人无所不用其极地去保卫旧有的教育体制。

根据非洲喀麦隆的一个名为 EMIDA[9]的组织报告，他们的统计结果显示，非洲受到责打的儿童有二亿一千八百万人之多，当我再进一步询问时，得到的是这样的答复：如果挨的打在皮肤上留下血痕，孩子就会变得

聪明。可以理解,在这种情况下长大的孩子成年后不会试着理解他们曾经
受过的痛苦,而会紧抓住这个心结不放,这样就不用去面对他们以前曾否
认过的伤痛,但压抑的直接后果便是导致非洲部族之间的血战暴发,虽然
这些战争非常多,但其中只有一个理由会引起关注与争论,那就是挨打的
孩子身体中所蕴藏的怒气一直驱使着他们,渴望着报复与发泄,因为孩子
们不被允许对抗暴行,因此整个民族便可能在日后付出代价,而这场悲剧
的原因却被小心翼翼地掩盖了起来。

  我经常思考,为什么卢旺达会发生那么可怕的大屠杀,那里的孩子会
被母亲哺育并背在背上很长一段时间,这对我们来说仿佛是一种天堂般
安全的感觉,不会让人联想到虐待。直到不久前我才得知,这些孩子为了
获得母亲的爱,付出了一份被世人低估了的高昂代价,原来他们很早就接
受严格的服从训练。从小,只要他们的排泄物弄脏了母亲的背,就会被母
亲打,他们常常会因为害怕被打而开始哭,但其实只是因为感觉到有排泄
的需求,母亲则可以根据孩子的哭声做出反应,将孩子从背上放下来,让
孩子如厕。

  由于这种挨打的条件反射作用,婴儿很小就被教养如何如厕,之后也
被教导要保持安静,我认为卢旺达的大屠杀可归咎于对婴儿的虐待。即便

非洲儿童在学校里受到了残暴的管教（根据 EMIDA 组织 2000 年时于卢旺达的一份问卷调查显示，在 2000 名儿童当中，只有 20 人的答案显示他们在学校或家里都没挨过打），婴儿教育还是有着决定性的作用，也就是说，越早施以暴力，学习而来的效果便越持久，也越无法被意识所控制，因此当第一个时机来临、最优先且最混乱的意识形态出现时，便足以将人们心中野兽般的暴戾释放出来，这些人一直表现得很安静，或更确切地说是表现得卑躬屈膝，但他们显然与强烈且被压抑住的攻击欲共存，但却不明白产生这种欲望的原因为何。

　　然而体罚不见得都会引发以他人为对象的报复性攻击，非常常见的还有摧毁自己的生命——尤有甚者就是自杀。杰弗里·尤金尼德斯[10]的著作《黑色青春日记》及其同名电影如实地揭露了受体罚和自杀之间的关联性。

四、脑中的定时炸弹

我认为忽视童年现实的后果当中，最明显能引起注意的就是入狱服刑，如今的监狱虽已不似上个世纪那样阴森可怕，但是有一点却没多大改变，只是很少有人提出：人为何会犯罪，以及此人该怎么做会避免再次犯罪？为了让犯人能够自己来回答这个问题，必须鼓励他去回想自己的童年并写下来，同时还要让他在一个有组织的团体里与他人分享这些内容。

我曾在《人生之路》当中提到过加拿大的一个类似计划，有好几位曾性侵自己女儿的父亲，通过这样的团体终于了解，自己究竟给孩子带来了多大的痛苦，最重要的是他们可以对着其他人诉说他们自己的童年经历，并学会去信任这些人，并且开始理解他们重演了自己的悲剧，但却在毫无意识的情况下。

我们都很习惯去隐瞒自己童年的困境，暴怒下的行为因此而产生，而倾诉能将犯人从盲目中解放出来，打开他们通往意识的入口，让他们施行犯罪行为，可惜的是，类似加拿大的这种计划非常少见。

只有很少的负责人了解到，坐监的犯人心中藏着一颗定时的情绪炸弹，需要及时去掉这些炸弹的引信，而且需要对炸弹有足够的了解才可以，但是管理部门非常反对这种处理方式。

2000 年，法国小说家艾曼纽·卡瑞"出版了一本很特别的书：《对手》，书中描述的是一个男人的真实故事，此人名为杰－克劳德·罗曼德，他资质超群，20 年前曾在医学系就读，但由于未出席第二学期之后的考试，因此中断了学业，从此开始欺骗家人，说自己继续读书并完成学业。这位"罗曼德医生"后来结了婚，生下两个孩子，他告诉妻子与周围亲友，他在日内瓦的世界卫生组织里从事研究工作。18 年来，每天早晨他都说他去上班，但事实上只是在不同的咖啡厅里看杂志和旅游资讯，偶尔他也会说要出差做演讲，然后到旅馆里住上几天。他对孩子及妻子非常好，常常送儿子女儿去上学，堪称是位模范丈夫和爸爸。

　　他的父母或岳父母，都将大笔的资金委托给他，让他帮着到瑞士投资从而获得高额收益，但他却拿这些钱来养活妻小。某日他和岳父两人单独在家时，岳父告诉他想将钱取出来买一台奔驰，据说这位老人家后来不慎滚落楼梯并因此过世了。之后又有一位女性友人要求赎回部分投资资金，这时罗曼德开始不安了，于是他决定杀了全家人后再自杀。他先将一双儿女、妻子与父母杀死，接着放火烧房子，不料消防员将他从火海中救出，后来罗曼德被判终身监禁，如今正在狱中服刑。许多人都很关心罗曼德的状况，据说他们都对罗曼德的"性格特质"印象深刻。

　　艾曼纽·卡瑞认为，根本没有人知道杰－克劳德·罗曼德究竟是谁，这句话很有道理,他看似花了 18 年的时间在扮演"罗曼德医生"这个角色,而现在他的角色则变成了"罪犯罗曼德",他用自己的良好形象骗取了周围人的信任。

其中很特别的一点是,罗曼德异常行为的原因或许就隐藏在童年里,但在这本小说式的传记中,只简略提及了他的童年。罗曼德的原生家庭不允许人说谎,而且他们以此为荣,在他们的价值观当中,诚实被当成是首要的美德,但现实与理想是相悖的:罗曼德从小在日常生活当中明白,所有那些对他而言相当重要的事情,他永远也听不到真相。他的母亲曾两次流产或堕胎,这让罗曼德感到很不安,但没有人与他谈论此事。他对任何事情都不能提问,身上背负着过高的期望,让他不得不屈服在父母的想象之下,而他也完美地做到了。他成长为一名勇敢的少年,也是一个模范生,并且完全符合父母的期望。他不会制造问题,但他却完全不知道自己究竟是谁,因为所有能够表达出他真实自我的事物,全都被禁止了。如果他的行为是有意识的,那么他童年时期的举止早就可以说是一种从未间断的谎言,不过我认为他内心深处的疏离,才是他唯一熟悉的状态,他并不知道其他的状态,而且也没有任何比较的可能性,所以他或许并未意识到自己一直在扮演一个角色。他还未意识到。

直到他决定假扮成医生,他的生命才开始出现新的元素:有意识的谎言。他将自己所有的精力与天赋都投注在这件事情上,即欺瞒其他人,在他们面前装模作样,欺骗他们的爱,通过某种他们无法看穿的方式窃取他们的钱财,他通过有意识地思考,完全投入在这件事情上,但依然未感受到自己真实的感受与需求,从前的孤独感继续存在于这个将他的高明谎话建立起来的虚构故事中。

儿时不能自我表达的人们,他们的悲哀就是不知道自己过着双重人生。正如同我在《幸福童年的秘密》一书当中所描述的,这些人在儿时建立起一个错误的自我,他们不知道自己还拥有另一种自我,在这个自我当中,他们被压抑的感受与需求被紧紧地锁在牢笼里,因为他们从未遇到一个可以帮助他们了解自己困境的人,能帮助他们感受到监牢的存在,并且脱离这个监牢,将自己的感受与真实的需求表达出来。

就这方面而言,"罗曼德医生"是个引人侧目的例子:被压抑了超过40年的事实真相,最终以爆炸般的残忍犯罪行为作为了结。然而,类似的成长案例层出不穷,虽然没那么骇人听闻,但仍就摧毁了很多人的人生,有的发生得慢,有的却很快,所有的目标永远都是在维持自己的人生谎言,如此一来才能获得关注或赞赏,而关注与赞赏都是这些人儿时极为

·051

惦念之物。以前这种人会被称作神经病,后来又叫作反社会者,如今的说法则是自恋或变态,而原因就是因为内心世界被掏空了,以及通往真实感受的入口被挡住了。

这些人的调适能力相当惊人,甚至能成为模范受刑人,就像"罗曼德医生"那样,但是他们在犯罪之后,仍旧不知道自己究竟是谁,依然扮演着某个角色,而且还是当下他人所期待的那个角色。一开始"罗曼德医生"是个慈爱的父亲、挚爱妻子的丈夫,同时也是个忠诚的朋友、优秀的儿子和女婿,后来他杀了全家,不久后又成为受到赞赏的模范服刑人员,但是,他究竟是谁? 没有人知道,或许他对此的认知也是有限的,因此他应该去观察自己的空虚,但是就这方面而言,他一生都以非常巧妙的方式回避了。

·052

进入监狱服刑时这些问题都不会被注意到,它们被推给心理学家与精神科医生,但这些专家不认为帮助人们面对自己的童年、发掘真实的自我是他们的责任,他们反倒试着再去强化受刑人的适应力,而且将之当作是一种健康的象征。

我曾在电视上看到一位有点自负的年轻监狱长说,在他狱中因乱伦罪而服刑的父亲在小组治疗中学会了如何去爱自己的孩子,从此摆脱了想虐待儿女的冲动。这些都听起来非常美好,节目结束后我致电给这位监狱长,我问他这些治疗小组中是否有很多人都曾在小时候遭受过不正当的性行为对待,他坦承这种案例"非常常见",但人们不应该去深入挖掘过去,而应注意这些受刑人的现在,如今身为成年人的他们已在团体治疗中学会了去感知自己对孩子的责任。他对此深信不疑,我则反驳说,只有当这些男人了解自己童年发生过什么事,并为之哀悼时,才有可能展现出这种负责任的态度。这位监狱长听过我的名字,我想传真给他一份我针对这个主题所写的五页文章,但被他拒绝了,他说他没时间读,这个问题他会留给心理学家与精神科医生。

这个人在电视上的形象显得极为开明,但他却不想知道为何父亲会去摧毁女儿的人生,对他来说这只是一个极为实际的问题,与所有监狱行政机构会遇到的其他问题一样。

他的答复与兴趣缺失并不令人意外,但是就这个案例而言,潜伏着许多危机,这位监狱长完全忽略了这个问题除了与心理相关以外,还与社会经济有关,也就是说,如果受刑人最终能够获知自己在童年时期曾被性侵所留下了哪些感受,那么他身上那种重复犯罪的冲动便有可能真正地解除。我不久前偶然在报纸上看到,美国有 300 位接受研究的罪犯,都在被

·053

释放后又重新犯了罪,这篇文章还提到他们都有接受心理治疗。这点其实并不意外,因为如果"心理治疗"并未触及那些隐藏在童年当中的杀人的动机和原因,他们永远都会不断地被驱使去摧毁他人,监狱怎么可能从这个方面有所改善呢? 如果我们认为,揭发真相的心理治疗与童年创伤情绪处理的推动,可以显著地缩短受刑时间,那么便不需要花费高昂的税金去重复为犯人做无用的心理治疗,并且缩短他们在监狱中受刑的时间。人们也就不再需要去劝诫这些人要负责任与爱人,他们自己就能感受得到这些了。

五、生命之始——传记作家忽略的事

我在序言当中提过《创世纪》的故事以及我自己的困境，也就是接受一个拥有慈爱与惩罚双重形象的神，并遵从那些我不明就里的论述。现在，我想让读者由另一个角度来看《创世纪》的故事：禁忌之果对我来说不仅象征着在概念上的善恶，同时也象征着我们生命的起源，这种象征意义使我们具体明白了恶是如何产生的。

我们就像偷吃禁果之前的亚当与夏娃，诞生时都是清白无罪的，除了少数例外，我们全都被迫去面对命令、恐吓与惩罚。我们的父母将他们受创童年中遭遇到压抑的感觉投射到我们身上，并在无意识的状态下，为了那些他们曾遭遇到的事情责备我们。父母们就像布里吉特故事中的精神科医师 A 一样，他们的反应常常是盲目且会造成破坏的，因为他们不知不觉陷入了童年的状况中。为了挺过殴打、羞辱与缺少人照料的事实，他们必须要把自己的感受隐藏起来，但现在的他们已成为这种情绪的奴隶，他们无法面对这种情绪，因为他们不了解这种情绪的意义，而这种不了解，正是因为他们就像在伊甸园里的亚当与夏娃，被教导成要将残暴视为爱、遵从自己不理解的命令，并且直到生命结束时都得盲目的处在地狱与洗涤罪恶的威胁之下。

因此，孩子被禁止看穿父母的残暴，不能察觉自己的心灵如何在生命

·055

之初受到折磨,孩子必须要相信,身为孩子是感觉不到痛楚的。一切都是为了他好,如果他感到痛苦,那便是他自己的错,但这些全都只是为了将父母的所作所为留在黑暗之中。然而,由于身体将这一切都保留了下来,因此成年人无法摆脱这种身体上的所知,即便他自己未意识到,身体的所知还是掌控着他的人生、他的行为、他对新事物会产生的反应,尤其他与自己小孩的关系。

　　禁忌之果不只象征着一种来自外部的命令,还象征着年轻人的内在力量。如果年纪小的孩子无法认清事实的真相,由于单纯的生物学原因,他必须隐藏真相,但是这种隐瞒和不思考的态度,有着毁灭性的影响。为了缓和这种影响,我们需要心理治疗师、顾问与导师,他们不会将成人的情绪当作原始森林,而是当成果实,甚至是有毒果实,这些果实所造成的影响,可以通过知识消除,以腾出空间给那些不会伤人的植物使用。没有人会需要从有毒植物身上取得养分,但是有些人会因为不知道如何从其他植物身上取得养分而这么做,他们之所以对其他方法一无所知,是因为他们仰赖着那些他们信任之物,并且发展出他们特有的生存策略。如果有人帮助我们认清童年时期父母旧有的行为模式,那么我们就不会再去盲目地重复这些行为模式。

　　传记作家最先意识到人在幼年时期兴趣缺失对成年之后所构成的影响,除了心理历史学家以外,很少有传记作家关注政治领袖的童年。这些政治领袖的决策会产生严重的后果,关乎几百万人的生命。在上千本有关独裁者生平的书籍里,很少会提到他们的童年经历,或者这些经历所产生的后果和影响——因为缺乏心理学方面的知识——直接简单地被忽略。也许,这些事实当中有许多值得深思的。这点可以通过戈尔巴乔夫的童年故事来说明。

　　戈尔巴乔夫的家族没有虐待的传统,长辈们很关心孩子以及他们的需求,在这样的成长环境下长大的戈尔巴乔夫,我们可以从他成年后的行为当中观察到,在如今国家领袖当中,很少有人有像他一样的特质:有勇气、尊重他人、善于言语、生活简朴、言谈间看不到那些权力熏心的政客常常表现出来的伪善。他从未因盲目的虚荣心而做出荒诞的决定,无论是他的父母或祖父母,这些在战争中照料他的亲人,显然都是非常有爱心的人。

　　在 1976 年过世的戈尔巴乔夫的父亲,为人和善,从不对人恶语相加,他的母亲个性坚强、正直又开朗,虽然她的儿子后来非常有名望,但她依旧很满足地居住在自己的小农舍里。除此之外,戈尔巴乔夫的童年还证实了,即便物质生活缺乏,只要孩子未遭受伪善、虐待、体罚与心理羞辱等方

·057

式的伤害，他们的性格便不会有缺陷。

　　战争、侵略、贫穷和沉重的体力劳动——这些戈尔巴乔夫都曾经历过，如果一个孩子能在家中受到保护，拥有安全的情绪氛围，他便能挺过这一切。在战争末期，戈尔巴乔夫有三个月的时间无法上学，因为他没有鞋子穿，他在野战医院受伤的父亲获知了这个状况，马上写了一封信给他

母亲，告诉她"要用尽一切办法让儿子再去上学"，因为他喜欢念书。母亲将家中最后几只绵羊以 1500 卢布的价格卖了，用这些钱买了一双军靴给儿子，而戈尔巴乔夫的祖父则帮他准备了一件温暖的夹克，并在孙子的恳求下也给他的好朋友找来了一件。

　　保护并关心孩子的需求——这其实应该是件最理所当然的事，但我们的世界却还有许多在缺少关心下长大的人，成年后的他们试着将这种关心通过暴力（包括压榨、威胁、武力等）来取得。我们生活在一个不去正视虐待孩子会产生何种后果的社会里，因此戈尔巴乔夫的经历可能是个特例，大学里有几千名教授，他们教授着各种知识，但却没有任何一个人致力于研究虐待儿童的后果，因为这种虐待被伪装成了教育。

　　当我提到传记作家对童年不感兴趣时，常常有人告诉我说，在文学的领域童年这个话题早在 20 年前就非常流行了。事实上，的确在许多自

传中,作者用了不少篇幅来陈述童年的故事,而且一般说来,童年这个话题如今已不再被美化或理想化,反而会更自由且不加掩饰地如实呈现。但是,在大部分我熟知的自传当中,作者对于孩子受到的痛苦仍保持着一段情感上的距离,通常都缺乏同理心,父母或老师等成人的不公正、情感盲目以及由此产生的残暴,很少会受到质疑,作家只是描写出来而已。例如法兰克·麦考特[18]就在他的大作《安杰拉的灰烬》中,一页一页地描述了这些状况,但他并未表示反对,只是试着保持爱与宽容的心态,通过幽默感找到了救赎。而恰恰因为这种幽默感,他受到全球几百万读者的赞许。

·059

　　但是,如果人们以宽容的态度,对残暴、傲慢与危险的愚蠢行为露出笑容,那么又该如何帮助社会中的孩子,并且改变他们的处境呢?从法兰克·麦考特书中的一个片断,或许可以看出他的态度:

　　利米国立学校里共有七名老师,他们都有皮带、藤条和黑刺李棍子。他们会用这些东西打你的肩膀、后背,尤其是双手。要是你迟到了,或是你的钢笔尖漏墨水,或是你笑出声,或是你讲话了,或是你回答不出问题,他们都会打你。

　　要是你不知道神为什么创造这个世界，要是你不知道利默里克的守护神，要是你不会背《使徒信经》，要是你不知道19加47等于多少，要是你不知道47减19等于多少，要是你不知道爱尔兰32个省份的主要城市和物产，要是你不能在墙上的那张世界地图（那张地图已经让那些被开除的学生愤怒地用唾沫、鼻涕和墨水弄得脏兮兮的了）上找到保加利亚，他们就会打你。

　　要是你不能用爱尔兰语说出自己的名字，要是你不能用爱尔兰语背诵《圣母经》，要是你不能用爱尔兰语请求要上厕所，他们就会打你。

　　高一个年级的大男孩说的话很有用，他们可以告诉你现在这位老师的事，他喜欢什么、讨厌什么。

　　要是你不知道埃蒙·德·瓦莱拉是有史以来最伟大的人物，你会被其中一位老师打；要是你不知道迈克尔·柯林斯是有史以来最伟大的人物，你会被另一位老师打。

　　本森老师憎恨美国，所以你别忘了要憎恨美国，否则他会打你。

　　奥狄老师憎恨英国，所以你别忘了要憎恨英国，否则他会打你。

　　要是你敢说半句奥利弗·克伦威尔的好话，所有的老师都会打你。

　　就算他们用白蜡树枝，或是带瘤的黑刺李棍子往你的两只手上各抽六下，你也不能哭。或许有些男孩会在街上取笑你、嘲讽你，但他们得小心一点，因为迟早有一天也会被老师打，届时他们也得强忍住泪水，不然就会丢脸丢一辈子。有些男孩会说，最好还是哭出来，因为老师喜欢这样。要是你不哭，老师会讨厌你，因为你让他们在全班面前显得很无能，而且他们会暗自发誓，下次一定要让你流血或流泪，或者两样一起流。

五年级的大男生告诉我们，奥狄老师喜欢让你站在全班同学面前，这样他就可以站在你后面，掐住你的两鬓，把它们往上拽，并说：起来、起来，直到你踮起脚尖，两眼布满泪水。谁都不想让班上的其他男孩看到自己哭，但是不管你愿不愿意，被拽着鬓角时都会哭出来，而且老师也喜欢看到这个样子。奥狄老师是唯一一个总能让人流泪丢脸的老师。

·061

最好还是不要哭，因为老师会换，但学生永远在同一班，而且你也不会想让老师称心如意。

要是老师打了你，向父母抱怨是没用的，因为他们永远只会说：如果老师打你，那是你活该，别装可怜！

幽默感拯救了这个孩子，并且让他日后有机会用文字控诉，因此读者很感谢他，许多人都有过相同的经历，而且也都希望能笑对恐惧。人们说，笑是健康的，笑让人得以面对困境，这是对的，但笑也有可能使我们变得盲目，虽然可以去笑禁食智慧果这件事，但这种笑并无法将世界从沉睡中唤醒。如果我们想了解自己并改变这个世界，就必须学会理解善与恶之间的区别。

　　笑是健康的，这点毫无疑问，但只有在有理由笑的时候才是，对着自己的痛苦笑，是一种回避痛苦的方式，这会让我们盲目地错过宝藏。

　　针对那种传记作家们常常会去报道的"极其普通的严格教育"，如果他们可以更彻底地告知读者后果，便能为读者带来要了解我们这个世界所需要的珍贵材料。

第二部·情感盲目如何产生？

0-3 岁时人的大脑发育的关键时期，脑部发育在这段
时间中接收到的信息对人所造成的影响可能会比以
后接收的信息更为强烈，那些由母亲或其他相关人士
接收过来的情感指令与行为指令可能会持续存在好
几十年。

一、为何会突然发怒?

最近我收到一份寄给"nospank"网站(http://www.nospank.org/toc.html)的咨询与回复信件(内容如下)。信件中的父亲简短地指出事件的始末,我之后会试着对此做出解释。这位父亲虽然看似还未察觉自己指出了什么,但是他已经走上了正确的道路。

致不打屁股计划

2000 年 7 月 16 日

哈啰,

首先我想告诉您,我觉得您的网页设计的非常有启发性。我之前以为打小孩是好的,因为我自己小时候也被打过。我的父亲以前是位校长,他教训过许多学生,我也一直相信这并不会造成伤害——直到我儿子出生后。我儿子三岁的时候,某次我太太想教他上厕所,但他却不乖乖地坐在他的便盆上,反而站了起来,我太太很用力地打了他光溜溜的屁股,他立刻大哭起来,而我则感到一阵恶心,我气疯了!她常常打小孩,她说自己小时候在学校也被打过,她似乎除了被打以外没受到其他虐待,所以她并未准备好好聊一聊这件事。

可否请您告诉我,我该如何找出她在 1965 至 1975 年之间,也就是她在学校被打的那段期间，究竟发生了什么事？是否会有任何相关的书面资料呢？如果有留存，我们如何才能去查阅？非常感谢您的帮助。我太太在三家不同的学校里面被教训过，我不知道您是否能够提供进一步的协助，任何一点微小的提示都会很有帮助。

　　感谢您的善举。

C.S.

亲爱的 C.S.：

　　我建议您不要浪费宝贵的时间去寻找您太太的旧档案，即使您找到了任何书面证据存在，学校的管理方也绝对不会让您看的，而且即便您得知她小时候在学校里发生过什么事，您打算干什么呢？您太太似乎已经下定决心不让这些记忆重新浮现，并且将她童年时期的受创经历移转到自己小孩的身上。您的心情我了解，想通过研究家族史，来找到可以解释她今日行为的原因，但是现在请暂时放弃这种想法，先优先考虑去保护您的孩子，这样不是更明智吗？孩子才是最重要的！您也不想等到事后让您的孩子问道，当他急需父母之中较理智的一方时，她／他却不知在忙些什么吧！下一封信……让我更强烈感受到，您不该浪费时间，而且您显然联想到了某些信息……请您去读一读此信吧,我会将您的来信(当然会匿名)公开在 nospank 的网站上,并将您太太之前待过的学校里可能与管教方式有关的信息转交给您。

乔丹

上文提及的信件如下:

2000 年 7 月 15 日,星期六

我小时候常常被殴打到大小便失禁,但是殴打并未因此停下来,粪便沾满了我全身,我不知道我妈妈是否在另一个房间里,或者她并不在家,但我非常清楚,她绝不会出手保护我,无论是用语言或者行为。那种得把自己弄干净并换件衣服,然后还哭个不停的耻辱,深深地埋藏在我心中,直到我看到了《谈打屁股》[19]这本书为止。

谢谢,请您别提到我的名字。

第一封信的发件人看到妻子用打的方式去教孩子上厕所,在孩子惨叫的时候,这位父亲气坏了,他觉得他的感受,与他的妻子小时候在学校

里所遭遇到的事情,两者之间存在着关联性,因此想去探究并到学校进行调查,从而借此回避自己的情绪问题。他的妻子最开始被打时很可能并非在学校,而是在更早的时候,因此她才会对自己的小孩也做出同样的行为。

但是,对于来信者简短提到的自己父亲的责打行为,他又有什么感觉呢?(从他的信中我们只得知,他那位当校长的父亲对自己的被保护人几乎是以非常专业的方式在管教)。这位来信的爸爸在信中完全没提到自己的问题,他过去应该拥有一位知情见证者,一个陪伴者,此人让他得以体会幼小孩子的恐惧并忍住疼痛,在他又落入愤怒的情绪之中时,便可按照这种记忆来行事。

他今日的愤怒有什么意义呢?信中并未回答,我们不知道他是否是站在孩子那边生妻子的气,或者因为孩子的反应,让他意识到自己压抑住的痛苦,所以才会发起火来。因为他一直以来都单纯地认为打的行为是无伤大雅且很正常的,所以他推测妻子小时候应该还遭遇其他事情。他还说他在很长的一段时间里是赞成打小孩的,不过自从他看了"nospank"网站以后,他似乎有了转变。这个故事点燃了我们对消除情绪盲点的希望,因此我将这部分内容放在我的思维障碍分析之前。

二、思维障碍

常有读者告诉我,每当他们冒着风险,无条件地站在孩子那边时,都会遭到敌视。这些读者的态度对一个系统提出了质疑,而这个系统则为绝大多数人建立起一套熟悉的关联体系。新的信息可能会引起强烈的刺激,在这种不安当中,或许会导致人们在无意识的状态下表现出威胁的态度,这种态度几乎等同于企图恫吓,父母利用这种方式引导孩子更早学会他们认为的正确的行为,并希望借此将父母的不平等条约强加于孩子身上,因此知情见证者必须一再地制造出痛苦的经历,他会拒绝承认,就像孩子曾经遭到父母的拒绝一样。

·069

拒绝接受愿意维护孩子的人,在特定的状况下可能会加剧对孩子的谴责和唾弃。这些人所表现出来的盲目愤怒,类似于过去在追捕早期基督徒时的憎恨,虽然这两种恨意所造成的影响并无法比较,因为早期基督徒受到了残忍的折磨并被杀害了,但有一点相同,如今的人们就像当时仇视忠于耶稣的人一样,仇视着那些誓言保护孩子的人。

当教会得以建立,对基督徒的追捕终于宣告结束,但维护孩子的人并不需要一个有权势的机构来帮助他们抵抗恶意的追捕,他们的优势在于他们知道童年的经历对人的影响是巨大的。那些童年曾遭受虐待之人的陈述,充分显示出童年的经历对他们与自己小孩的相处所带来的后果。脑科学研究与婴儿研究早在好几年前，就证明了受害者与知情见证者之间重要的关联性。

0—3岁是人的大脑发育的关键时期，脑部发育在这段时间中接收到的信息对人所造成的影响可能会比以后接收的信息更为强烈，那些由母亲或其他相关人士接收过来的情感指令与行为指令可能会持续存在好几十年。如今不会再有人说必须去虐待、羞辱、耻笑与欺骗小孩，这是由于我们未曾在小时候听过这种说法，但是我们却常常听到另一种说法，说什么"棍棒底下出孝子""不打不成才"从我们在幼儿时挨了巴掌或挨了揍之后就不断地被灌输。

当我了解了脑科学及婴儿研究的最新成果后，对于最初的责打管教会持续多久这个问题，我终于有了更好的解释。根据这些资料，我会对所有母亲说："如果你曾打过孩子耳光，请别感到绝望，这是因为你在很小的时候就经历过这种痛苦，这种行为几乎是自动发生的，如果你了悟这点且愿意承认，是可以弥补这种错误的，但绝对不要对孩子说你这么做是为了他好。"

在我1981年的另一本著作《你不该知道》一书当中，我利用对早期情绪的"压抑"、"否认"与"分裂"等概念，从许多不同的角度来探讨我的观

点，并试着将其概念化，而如今的脑科学研究已经证实了我的观点，现在
许多作者开始强调孩子与监护人之间的早期联系，及其对才能发展的必
要性，虽然丹尼尔·戈尔曼[20]还在谈情绪智商（EQ），但凯塔琳娜·齐摩[21]以
及其他学者认为，特殊的情绪智商并不存在，智商的发展等与幼儿的情绪
是密不可分的。

·071

　　除此之外，这也解释了为什么说儿时压抑痛苦，不仅会导致成人对自己
过往经历的否认，还会否认孩子所受的痛苦，甚至造成自己思维能力上显著
的缺陷。这种敏锐度的降低体现在对打骂教育与进行割礼（无论男女）的支
持上。我深信，若在生命之初缺少了与母亲或某个替代人之间的良好关系，
再加上被虐待，就会引发这种不敏锐以及思维障碍，就这种虐待而言，我认
为以教育为目的的责打也算在内。

　　根据几位有名的脑科学学者如约瑟夫·勒杜[22]、黛布拉·尼霍夫[23]、坎迪
丝·珀特[24]、丹尼尔·沙克特[25]、罗伯特·萨波斯基[26]以及其他学者的著作显
示，若孩子在早期缺少与监护人的沟通，将会导致脑部的缺陷。如果幼儿
被打或被以其他方式被虐待，同样也会造成损伤，因为这种精神压力，会
破坏幼儿刚形成的神经元及其连结，对胎儿过度刺激，例如连续播放音乐
好几个小时，"为了生出一个莫扎特"——这句话是西班牙某间父母养成

学校的建议——也会造成这种恶果。为了让孩子的大脑能够自由发展,必须尊重孩子自己的成长节奏,而不是靠外部的人为强行推动)。人们普遍认同,早期的情绪痕迹会留存在体内,并被加密成信息,直接影响到成年之后我们的感受、思考与行为方式,但这种情绪痕迹通常都是有意识的、有逻辑的、理智难以触及的。

对我来说,这些研究发现等于将一把钥匙交到了我们手上,但据我所知,这把钥匙还没有被学者们使用过,有时候人们会觉得实验虽然有助于不断地制造出新的钥匙,但是这把钥匙究竟要搭配哪个锁? 这个问题却没引起多大的兴趣,举例来说,坎迪丝·珀特那本有关发现情绪分子的精彩小说《感觉的分子》即是一例。

但约瑟夫·勒杜可能是另一个特例,他在著作《情绪之脑》的结尾提出了认知系统与情绪系统之间会"合作"的观点。在他的论述当中,我们的理智在面对权力、顽固的早期情绪(身体)记忆时,常常显得无能为力,因此这种顽固会变得非常明显,但勒杜十分清楚这种合作必须要进行。

然而勒杜并非心理治疗师,他坚守着脑科学研究者的底线,公开承认其实他并不知道人是如何建立起身体情绪所知(无意识)与认知意识之间的连结的。通过他人的经验与我自己的经历,我知道这些可能会在心理治疗时发生,心理治疗能够处理创伤经历与童年情绪,从而降低思维障碍,一旦成功,就能让大脑的区域活跃起来,甚至是那些由于害怕疼痛而一直没被使用的部分,这些部分很可能会使你回忆起最早的、被压抑住的受虐记忆。

　　我对此深信不疑,几十年来我一直以为自己小时候没被打过,因为我对这方面一点记忆也没有,但是当我通过黑色教育的数据得知,小孩会在很小的时候,也就是还是个小婴儿的时候,就遭到打骂管教,以让他们学会服从与如厕,我终于知道为何我会没有记忆了。显然,在我还是个小婴儿的时候,我就接受了极为有效的服从教育,对此我只有身体的(也就是所谓的内含的)记忆,而没有有意识(清楚的)的记忆。我母亲后来会很骄傲地说,我早在六个月大时就会如厕了,而且我从不会给家长制造麻烦,当我有一点自己的想法时,只要一个严厉的目光,就让我乖乖退回来。

　　如今我才明白自己为此付出了多大的代价,由于害怕这种目光,很多事情我无法说出口,也绝不敢去想,虽说后来我最终也获得了这些说与想的能力。

　　我一再地为"否认"所具有的强大杀伤力感到震惊,否认造就了我们的思维障碍。除此之外,这种负面能量会在今日的神学家与哲学家探讨伦

·073

理学的时候爆发，这些人不会去关注脑科学的研究结果以及儿童发展的规律，然而，这正是让"'恶'是如何产生与引发"这个问题出现转机的关键。如果心理分析学家能够认真看待如今的婴儿研究，那么他们也必须重新修正那些从黑色教育传统承袭而来的观点，即人生有毁灭欲以及邪恶的、违反常情的小孩需要通过肢体惩罚接受教育，只可惜丹尼尔·斯特恩[27]和他的拥护者约翰·鲍尔比[28]如今似乎仍旧是心理分析圈中的例外，或许

这是因为鲍尔比早已用他的初次接触理论打破了一个禁忌，他认为社会行为的来源在于缺乏与母亲最初的良好接触和沟通，并以此表示反对弗洛伊德的驱力理论。

我认为我们必须比鲍尔比走得再远一点，因为这不只关系到社会行为以及所谓的自恋障碍，也关系到对一件事的认知，即对幼年创伤的否认、压抑以及情感的分裂会限制住我们的思考能力，并造成我们的思维障碍。虽然脑科学研究已经发现了否认现象的生理原因，但对于我们心性的影响却仍旧未给予足够关注。我们在世界各地都能看到对孩子所受痛苦的无视和冷漠，往往还伴随着童年就已产生的思考麻痹，但似乎没有人愿意对此深入思考。

我们从小就学会压抑和否认自然的情感，认为羞辱与责打是为了我

们好,而且也不会引起我们的疼痛感。于是我们用同样的方式教养孩子,并说服他们相信这是为他们好,因为在过去我们也被这样教育,我们的脑袋就是由这些错误信息装配起来的。

所以,如今会有几亿人声称,孩子只有通过暴力才会变好、变明智,他们不去正视自己孩子的恐惧,拒绝去理解他们的孩子。他们通过责打只教会了孩子日后同样也使用暴力对付其他人或者自己本身。这种就连许多知识分子都认可的破坏性信念,很少有人对此表示反对,因为身体很早就将这种信念储存下来。拥有这种观念的人会坚定地维护那些与他们所知明显矛盾的立场,但却未曾意识到这点。在我的一场工作坊中,有位心理学教授说道:"我同意您的看法,但我不支持您想要通过立法禁止责打的观点。我认为责打管教给了父母们把价值观传达给孩子的机会,这是非常重要的。我有两个小孩,一个三岁,一个五岁,他们必须去学习什么可以做、什么不可以,如果出台了这种法律,年轻夫妻恐怕会更不愿意生育小孩了。"

我问他童年时是否常常被打,他回答说在必要时,或当他的父亲无法克制情绪的时候也有过,而他自己也觉得被打是应该的。我又问他,他最后一次被打是几岁?他回答 17 岁,当时他父亲非常愤怒,因为他又做了蠢事。我问他是哪种蠢事，他没有回答。短暂沉默后，他说："我不记得原因了，时间太久，但一定是非常严重的事情，因为我还记得父亲当时扭曲的脸。我父亲是个很公正的人，所以我一定是犯了大错。"

我不敢相信自己的耳朵，这位从事心理学而且积极投身反对儿童虐待的人，竟然认为以教育为由的责打是种必要的。不过对我来说更重要的是发现他思想当中的障碍，这些障碍在这种状态下非常清晰地显现出来。我想这一定是有原因的，或许是很小就害怕，因此我犹豫了一会儿，说：

·076

"您当时已经 17 岁了，但却记不得为何受到处罚，只记得父亲扭曲的脸，并推论出处罚是应该的，那么您怎么能指望自己的三岁和五岁的孩子，记住所有您企图通过责打传递给他们的您认为很好的教育呢？您怎么会认为一个小孩会比一个青少年更能理解这些教育，并从中学习到正面的意义呢？被打的孩子只会记得他的恐惧，记得父母生气的脸，但都不记得原因，孩子会像您一样认为自己不好，所以活该受罚，所谓的正面的教育又从何谈起呢？"

他没有回答。但是到了隔天，他来找我说他昨晚失眠了，想了很多。我很高兴他有这种反应。大部分的人对这种事实的揭露都感到很害怕，他们会去重复父母的观点，没有意识到自己因此而处于一种逻辑的矛盾之中，因为他们从小就学会不去感受自己的痛苦。

然而这种痛苦并未消失不见，如果被消除掉了，我们就不会再去重复那些我们曾经的遭遇。那些我们认为已经消除掉的记忆微粒其实一直在我们体内发酵着，只有当我们对自己的行为方式有所意识时才会认清楚这一点。

家长在与自己的孩子相处时，会精确地复制自己父母的行为，但却完全没有联想到自己的童年，这点一直让我感到十分惊讶。例如有位父亲打了儿子，并用讽刺的话语羞辱儿子，这位父亲可能并没有觉察自己过去曾受到多少来自自己父亲的羞辱，只有到某次深层心理治疗时，在某种合适的状况下，才会发现自己在这个年龄的时候也有同样的遭遇。因此，忘却早期的创伤并忽略不理是不会彻底解决问题的，因为过去会在我们与他人的关系中骚扰我们，尤其是我们与自己孩子的关系中。

对此我们能做些什么呢？我们不妨试着让自己意识到自己曾承受过哪些痛苦、有哪些观念是我们小时候不加批判地接受，且与我们今日的认知形成了对立，这些有助于我们看到并感受到一些事物，过去我们对这些事物视而不见、不去感觉，这是因为如果我们身边没有具有同理心的倾听见证者，所以必须提防这种疼痛感所带来的伤害。有了陪伴，就能找到造成以前情感压抑的原因,并赋予我们某种意义,让我们去处理它。但是如果缺少有同理心之人的陪伴,以及不了解受创童年的前因后果,那么,处在混乱状态下的情感就会让我们深感恐惧,这些恐惧可能会借由各种意识形态被击退,但却无法找到恐惧的缘由。

我曾在前言中提到了《创世纪》的故事以及思维障碍所带来的影响。思维障碍一方面是我们的"朋友",因为它保护我们免于回忆疼痛,使我们能够抵御对过去的恐惧,但另一方面,它也可能因此成为敌人,带给我们情感上的盲目,同时驱使我们借此去伤害他人或我们自己。

为了不去感觉被打小孩的恐惧与痛楚,我们放弃了乐观的认知,加入了教派,不去看穿谎言,并宣称孩子需要被打等。我想试着举些能让读者思考的例子,而不只是写一篇有关思维障碍的抽象文章。每个人的童年故事基本上都是独一无二的(虽然还是有一些相同的元素,如不体谅孩子所受之苦以及羞辱孩子等),所以每个人被否认与分裂的内容各不相同,也许在这之中存在着民主与进步的机会,即便有千百万人由于他们自己的悲剧故事以及情感盲目,选择了演技出众的演员甚至患有妄想症的罪犯为他们的领袖,但在同样一片土地上通常还是存在着少数一些人,他们小时候不曾被虐待过,或者拥有协助见证者,并在长大成人后仍保有洞察全局的能力,他们拥有充分的自由,因此可以看穿谎言,对实际存在的危险做出正确判断。但大部分人无法做到这点,还会听任政客的摆布。

我们最容易在某些宗教信徒身上观察到情感盲目的现象,因为旁观者并未经历洗脑的过程,但有些信徒则经历过,例如有的教派就支持打小孩,而且不断地提及充满威胁的世界末日。他们不知道,自己身体里也有一个被打过的小孩,当这个小孩被他们挚爱的父母虐待时,那就是真正的世界末日了,还有什么经历比这更糟呢?这些教派成员显然很早就学会不去记住自己的痛苦,并对他们的子女宣称挨打不会痛,他们脑中一直存在着《启示录》,但他们自己却不知道原因为何。

在我曾研究过的希特勒、墨索里尼等人的童年案例中,我的许多批评者反驳我说,世界史上的重大事件不能只归咎于某个人的童年,他们批评我是简化主义,同时他们也会去回避所有与"只"这个字有关的讨论,这个字使他们不用深入去思考。不过我从未说过那些影响世界历史发展的原因是唯一的。我只想清楚地指出的那些他们一再否认的事,其实在人性格塑造时产生了重大的影响。因为种种原因,很多人将误读了我的观点,甚至在书中过分简化我的观点,如英国史学家伊恩·克肖,他致力于研究希特勒的生平与成就,勤奋认真。但可惜的是,他对于孩童世界的感受缺乏觉知，这似乎也阻碍了他将希特勒童年的经历与后来人生中的妄想型统治欲进行关联，从而进一步解读希特勒的人生。

成人在人生中否认幼年情绪的行为，会转化为一种毁灭性的仇恨（我们也能够在非洲看到那种转化）。克肖似乎对此一无所知，这显示了一位史学家的思维障碍。他将自己的智慧放在研究希特勒数以千计的人生事件上，但却小心翼翼地避开了解开"为何是希特勒？"这个问题的秘密，而答案就隐藏在童年之中。

·080

而荣恩·罗森鲍姆[29]虽然在他法文版的著作《为何是希特勒？》里提到这个问题，但同样没有给出答案，只是报道式地汇编了希特勒的档案与轶事，并未提出新的思考，虽然他像罗伯特·怀特[30]一样，手边有很重要的研究结果可供使用，但他同样也在避免去触碰那把禁忌之匙。怀特在他的著作《精神错乱的神祇》的引言里，选用了威斯坦·休·奥登[31]在 1939 年 9 月 1 日所写的诗句，当天正是德军入侵波兰，第二次世界大战告爆发的日子：

> 精确的学识可以
>
> 挖掘出全部的罪行
>
> 自路德迄今

驱使着一个文化陷入疯狂

查出林兹发生了何事

何种巨大的无意识意象造就了

一个精神错乱的神祇

我和大众都知道

所有学童都学会之事

遭恶行之人

必以恶行回报之

　　这段文字浓缩了有关第三帝国本质的关键性认知，但在勤奋的史学家克肖的两大本著作里却找不到任何蛛丝马迹。

　　我们身上背负着童年时期就已经建立的思维障碍，这并非心理分析的说法，这可以在所有个案里得到证实。但要查证是很困难的，很容易就会被人扭曲了这个意象。所有罪犯童年时都被羞辱、虐待过，或者在无人照料的环境中长大，但只有极少数的人能够承认这点，很多人是已经不记得这些事了，所以很难进行统计调查。此外，如果仍忽略童年的问题，那么这种调查对于预防犯罪就不会产生实质性的效果。

不过，有些事实还是通过科学与统计得到了证实，例如被打、被处罚的孩子在短期之内会变得比较听话，但长期来看攻击性与破坏性的发生比率会更高。然而，这些心理学家通过统计数据验证的事实，对大众来说不怎么具有吸引力，例如 2000 年 5 月《华尔街日报》曾刊登过一篇名为"打屁屁再现"的文章，文章中报道了所谓的新研究结果，声称现在的年轻父母，其中也包含了那些从未被体罚过的人，他们中有越来越多的人会打自己的小孩。根据我的经验，如果只在非常年幼的时候被打过，那么人们多半都不会记得这件事，因此诸如"我从没被打过"这种说法一点也不可信。而这些调查研究，让我发现只有被打过的人才会感觉到心中的那股攻击力（这并不意味着他屈服于一切），没被打过的人基本上就不会有这种问题，他们和孩子之间有的是另一种问题，但不是这里说的这种，因为他们的身体内并未储存有相应的记忆。

对于该如何教育小孩这件事，目前并没有什么能产生巨大影响的科学成果，产生改变的并非来自科研单位或院校，反而是由几个勇敢的人推动的，如律师、法官、政治人物、护士、助产士、开明的年轻家长等，这些人促进了无暴力教育的立法。例如玛丽莲·菲尔·米洛斯[32]倡议，美国的妇产医院不能在新生儿或家长不知情的情况下进行割礼手术，刚开始时只有少数护士参与支持,拒绝协助这种残忍的手术,但很快地就获得了大众的支持。大众突然意识到自己一直以来都不加批判地遵守着这种权威式的医生的诊断,这种手术在以前都由保险公司负担费用,如今术前则必须征求父母亲的同意。

为什么更早愿意拒绝在新生儿身上施加这种不必要痛苦的不是男医生呢?为什么他们长久以来都没有发现自己在虐待一个毫无防御之力的孩子呢?我想这是因为他们自己还是婴儿时就是这种虐待下的牺牲品,而此行为是无痛且无害的相关信息也和他们自己融为了一体。感谢曾当过护士的玛丽莲·菲尔·米洛斯,现在已有许多人意识到,对幼小的孩子来说,这种干预对他们造成了身心上的痛苦。大家却都知道,医生在做这种手术时是不会为孩子麻醉的,这不只与缺乏同理心有关,同样也牵涉到思维障碍的问题。成人一定需要麻醉,但敏感性高的新生儿却不需要,这种想法简直无法解释。残忍的手术就是因为思维麻痹造成的,因此为这种割礼陋习画下句点的不是男性医生。

近年来,德国对禁止体罚管教的立法同样也进入关键时期,这使得我们的人际关系更加人性化,并进一步揭露出思维障碍的问题,为此我们要特别感谢女性法学家与女性政治家们,那些心理治疗师以及心理学家(无

·083

论男女），对此都很少关注，虽然他们每天都面对着童年创伤所造成的后果，甚至在 20 年前还有瑞典的心理治疗师反对设立此类法案，因为他们害怕这种法案会让父母更生气，反而造成孩子的负担。我在《幸福童年的秘密》一书中曾指出，心理学家早在他们还是孩子的时候，就试图了解父母且不去评断他们，他们不去认清邪恶等事物、不吃智慧树上的果实，在这种毫无出路的困境中留下了痕迹，这也显示在了他们对禁止体罚的态度当中。

孩子的要求常常是他们后来在职业选择时的原动力，但是我们在从事心理学与心理治疗师的工作时，不应受限于儿时的恐惧，身为成年人，我们必须鼓起勇气去评判，点出恶之所在，并且不去包容它。

我们的心性改变将会一步一步地实现，如果不再打孩子，20 年后，这些孩子的想法与感受将会与我们现今的大多数人不一样，我深信他们将为他们孩子的痛苦而睁开双眼，打开耳朵，这种改变将会比任何时候的统计研究所达成的还要多更多。

但是对于那些已经受到伤害的人，我们该怎么帮助他们呢？这是我常常被问到的问题，他们全都需要长期接受心理治疗吗？心理治疗的时间长短与效果之间其实并无必然联系。我认识一些接受了十几年心理分析的人，但仍旧不知自己童年究竟发生过什么事，因为他们的心理分析师害怕踏入这个区域，害怕探索自己的童年，从而在疗愈患者的心理疾病时自动忽略童年这一模块。自几年前开始，心理分析出现了新的方向，它们的目标在于处理创伤，并可在较短的时间内就看到成效，弗兰欣·夏皮罗[33]的"眼动减敏信息再处理法"为例。对于这种方法为什么有效，我没有太多了解。但我可以想象，在很多案例之中，心理治疗师对受创经历的兴趣可以开启一种程序，身体语言在此程序里拥有很重要的地位。对于局限在诠释幻想当中的传统心理分析而言，他们并不会去设计这种程序。我个人曾做过三次这种形式的分析，每一次的分析师都很善良，但却没有一个人能挖掘出我幼年时的事情。

·085

　　我后来又去寻求原始疗法[34]的协助，但同样没达到目的，虽然找到了许多幼年时期的感受，但却无法理解早年发生过的事所代表的前因后果，也无法接受事实，因为我身边没有一个充满同理心的见证者。我现在不会轻易建议别人选择这条途径，除非他的治疗师是能够胜任此工作的专业人士，因为很多所谓的有同理心的见证者都不能成功唤醒患者心中深层的感受，也无法帮助患者摆脱混乱。

　　常常有人问我，在我看来心理分析的关键要素是什么？是我在这本书里说的在情感与认知上对身体所蕴藏事实的了解？是不再沉默并且不再将父母理想化? 还是拥有知情见证者呢? 我认为这个问题的答案并不是只有一个, 而是要兼而有之。如果缺少知情见证者, 便无法承受幼年事实的真相, 但我不认为任何一个念过心理学或跟着心灵导师体验过童年经历, 并且依赖心灵导师的人, 就可以当个知情见证者。对我而言, 知情见证者应该是一个有勇气接受自己故事并因此变得独立自主的人, 而且这个人不能利用他对患者的权力来平衡自己那些被压抑住的无力感。

从《心理治疗如何处理童年事实真相》这章中的心理医生 A 的案例中, 我发现其他人可以通过另一种心理治疗方式来进一步帮助他。理论上这会让他在日常生活中不断地看到自己童年事实真相的痕迹, 他必须去理解这个事实, 而不是装作没看到。他需要人协助他克服现在身为成年人后的情绪状况, 同时还要积极去接触那个曾经受苦并有意识的内在小孩, 长久以来他一直不敢去听这个孩子倾诉, 如今有了人陪伴后, 他终于可以去倾听了。

身体知道所有发生在 A 身上的事, 但却无法用言语去表达。他就像那个当年的小孩, 看到了一切, 但却孤立无助, 若没有成人的协助那什么事也办不到。如果过去的情绪涌现上来, 通常都会伴随着一种让孩子觉得自己任人摆布的恐惧, 这个孩子渴望得到大人的体谅或至少是安慰。那些不知道自己的故事，也不了解自己小孩无计可施的家长，也会去安慰孩子，当他们给予孩子保护、安全感与延续性的时候，就可以减轻孩子(以及他们自己)的恐惧，而我们的认知系统在与自身身体对话时也可以达到同样的效果。

　　相较于身体，认知系统不了解以前发生过的事，有意识的记忆是很脆弱且不能被信赖的。认知系统是建立在许多的知识、理智以及生活经验基础之上的，而这些都是孩子所欠缺的。成人已经具有足够的能量，可以保护自己的内在小孩(身体)懂得去倾听，让这个孩子懂得用自己的方式来表达，说出自己的故事。在这些故事的光芒之中，浮现在成人心中无法了解的恐惧与情绪便找到了意义，这些故事终于有了前因后果，并且不再具有威胁性。

　　这种心理治疗的方式在几年前就有了，同时常常以自我疗愈的形式出现，这种治疗法我以前也是很赞同的，但如今我却有所保留。我认为进行这个个案治疗时，当事人一定要有知情见证者的陪伴，可惜的是，大部分的心理治疗师在他们受训的过程中，并未体验过这种陪伴。我知道治疗师们也会有各式各样的恐惧，他们担心自己在不经粉饰的情况下，若去窥视自己小时候的困境，会伤害到他们的父母，并会让他们无法真正去帮助身处困境的患者。然而，一旦我们将恐惧说出越多或写出越多，这种状况就会越快得到改善，恐惧感也会随之减弱。在一个能接纳孩子困境的社会当中，心理治疗师会越来越勇于抛弃弗洛伊德所说的"立场中立"，并为了过去的那个孩子，无条件地站在当事人这边，这样当事人也会获得足够的空间，在这个安全的空间里，他可以去面对自己真正的故事。我们如今已经达到了某种程度，即可以像分析师冈特里普[35]（Ⅲ.2）一样不让我们的当事人误入歧途，因为只要不去否认恐惧之因，那么那些储存在身体内的旧有的恐惧便能通过心理治疗而获得疗愈。

第三部·遁入自己的过去

我需要有个人看到我的困境，我的困境干扰了你们，最后也干扰了我自己，我直到现在才了解这一切，但小时候的我感觉不到这些需求，我只想不被干扰，努力迎合你们，一辈子都如此。

——卡嘉的日记

引言

在书的前面部分，我都在揭露童年在我们的社会里仍旧是禁忌话题的这个事实，以及出现这种现象的原因。

接下来我要谈的问题是，个人如何能不受制于"你不该知道"这种命令、如何能得知"原来以前的状况是这样"，以及做出"我不会这样对我的小孩"的决定。我认识一些勇于踏出这一步的人，各种年龄段的都有，我想说说这些人觉醒的故事。

首先要提到的是青少年，感谢知识的发展让他们在为人父母之前，就先找回了对幼小孩童敏锐度的同理心，还有处于哺乳期的年轻妈妈们，感谢身体的亲密接触，让她们勇于面对那些自己曾经在儿时遭到的虐待所留下来的痕迹，使她们不会盲目对孩子发泄自己的情绪。在第一个孩子出生后，被压抑住的事物会再次出现，这一点可以在之后哈利·冈特里普的报道中看到。

其次我要提到的是一位已逝的女士，她终其一生都在努力做对的事情，但却不断地压抑自己的情绪与感受，遵循并服从她从小就被教导的要否认这些情感的原则。这种被迫的适应成为日后她人格当中根深蒂固的一部分，导致她长期处在痛苦的人际关系之中，直到生了一场致命的重病后，她才终于觉察出她很早就形成的要绝对服从的生存策略，并且彻底做出改变，转而去关注自己的需求，发现自己一直以来都想在不可能满足自己愿望的地方满足这些需求，因此这几十年来不断地给自己复制类似童年的困境，在这种困境中，要想实现她的愿望根本就不可能。她恰巧因为这场病获得了一位知情见证者的协助，让她明白童年的困境并不是她现在的困境，于是她不再感到软弱无力。

小时候她依赖的是父母，在她长大后和人们来往的过程中，人们会分享愿望，但她总是会不自觉地将自己的需求强加在周围这些人身上，但这些人并不喜欢这样。

这位女士是否也可以在不接受心理治疗的情况下不再这样呢？这个问题没有标准答案。有些人可以不接受心理治疗而达成目标，停止他们的投射出的与毁灭性的人际关系，但同样也有些人即便接受了心理治疗也无法治愈，因为他们没有触碰到那些童年时期，让他们不断去适应的根源。

每个人都只能为自己愿意去冒的险做决定。并且为之付出相应代价。

一、在谈话中成长

　　自从我知道殴打小孩会对孩子产生长期的负面影响后，我便开始通过发表文章、访谈、演讲或传单的方式，积极地将这些信息传递给年轻的父母们，偶尔我也会和高年级的学生谈论这个话题，希望在他们结婚生子之前就将这个重要的知识传递给他们。在这个过程中，有时会遭人反感，因为他们对这个话题压根不关心，同时我也可以感觉到，所有人心里都有一个地方被触动了。这个地方已经期待很久，希望有人能触动并看到，因为只要这些伤口被掩盖、被否认，那么我们就无法复原。

　　从与学生的谈话中我发现，起初他们显然对我究竟在说些什么一片茫然，而且时不时还会说："您说的事情我从来没听过。""对，和我同年龄的可能很少人会这样。""不，不只和你们同年龄的人，我总是听人家说小孩不打不成才，以前也有过一些疯子，例如一些父母，他们没打过孩子，但他们对孩子疏于照顾与教育。这些孩子现在已经长大成人了，会抱怨说自己缺乏纪律、准则与成长方向。那些父母管教得不够严格的孩子，现在成了什么样？他们想做什么就做什么，还未成年就拿着枪，甚至射杀自己的同学，这种案例不只出现在美国，德国也有。"

　　说出这些话的学生，完全将他们父母的想法融入了自己体内。好在他们正值青春期，正处于情感与才智转变的年纪，对世界充满了好奇心，因此他们的观点还未僵化,所以我才能够将我的看法传递给他们。虽然不是所有人,但他们中大部分的人最后都会相信,那些通过肢体上攻击自己同学甚至杀了同学的青少年,他们并非因为曾经被溺爱才会杀人,而是因为他们在没人管教的环境下长大,同时遭到了虐待,而且还不能对此有所反应,压抑在他们心中的怒火就像一颗定时炸弹,早晚有一天会爆发成毁灭性的仇恨。当我说这些的时候,从学生们的表情我知道,他们了解我在说的事。相较于成年人,青少年更容易回忆起童年经历,他们不会说:"虽然被打,但我还是长大了,而且有了力量,我真该感谢我爸妈打我。"青少年与被打的记忆相隔毕竟顶多只有十年而已。

有个父母都是教师的17岁中学生说:"我的父母很爱我,他们是模范爸妈,起初他们并不打我,但后来他们实在没别的办法了,因为我是个喜欢做蠢事的小孩,总是不断地在制造麻烦。"这个学生看起来很聪明,但神情举止显得非常紧张不安。我问他能不能举一个曾经做过的蠢事当例子,他回答道:"我在十岁的时候曾离家出走,我妈妈找了我五个小时,找到后我被狠狠地揍了一顿。但我现在仍相信被打是对的,我从此再也没离家出走,但依然会去做其他的蠢事,我真的没办法不闯祸,也许我生来就是个坏胚子。"

"你问过自己当初为什么要这么做吗？什么原因让你要妈妈找你五个小时呢？想象一下你还是那个十岁的小男孩。"这位年轻人没看我，但我看到他的脸色变了，没有了先前的那种虚伪的狂妄和自大，过了一会儿，他说："我记得是因为她打了我，当时我想，如果我能让她绝望地到处找我，那么就表明她就是爱我的，她的愤怒就是爱的证明。""如果你离家出走是为了测试妈妈的爱，那么这还不算做蠢事，也许你没有别的证明办法了。""对，如果这样看就不一样了，我一直觉得自己对爸妈来说是个负担。我想如果没有我，他们会很开心，但是他们的愤怒表明我错了，他们是爱我的。""所以一个十岁的小孩才会做出这么聪明又目标明确的行为,你为什么说是蠢事呢？""我不知道，我……我一直觉得自己是坏孩子，一直会去闯祸。"

如果有人的整个童年都挂着"我很坏，我很笨，我很讨人厌，我是个累赘"的标签，并且他周遭的人都赞同这种想法，那么他就会永远相信是这样的。这些标签是被父母贴上的，这就是他们无法忍受孩子的地方，也是他们无法接受的，因为这部分可能会唤醒他们自身创伤记忆的地方。但无论如何，孩子却不应该是这些标签的囚犯，这时要是有个能帮助孩子去质疑这点的老师就太好了。我与中学生相处的经验告诉我，这不是件难事，

·095

只是很少有人愿意去做而已。

　　我在工作中,偶尔会遇到一些参加"母乳会"的女性,这项运动起源于美国,在欧洲也具有广泛的影响力,参加母乳会的妇女都希望母乳期尽可能久一点,支持者认为这对孩子来说非常重要。对那些与人生的头一年有关的事,我向来举双手赞成。起初我只是想让这些年轻妈妈们知道,利用"巴掌"来教育小孩是不好的,同时我相信通过哺育母乳,妈妈孩子之间会建立更亲密的连结,因此不会有想赏小孩巴掌的想法,不过我的想法很快就被证明是错的。妈妈们时常会有想打小孩的冲动——可能是因为她们受不了孩子的尖叫声,也可能是由于绝望,因为她们无法理解孩子尖叫的原因。许多人认为这是因为妈妈们过度疲劳或家事、工作的负担过重所造成的,但很少有人意识到打小孩的冲动源自于妈妈们不快乐的童年。有的孩子不抱希望地做着抵抗,而其他孩子则让步,认为要表现出得体的行为举止,尤其当她们被自己的母亲督促要这么做时。

　　有一个母乳会的团体,我每隔四个月就会去拜访一次。第一次去的时候我发给她们我自制的传单,传单上说到"巴掌"教育会给婴儿与小孩带来无法治愈的后果,然后我问那些带着小孩一起来参加聚会的妈妈,是否也有"赏巴掌"给孩子的经历。其中一位妈妈说,如果她认为必要时会打小孩,目的是让孩子明白什么事是不能做的,但她这么做的时候不会带有任何情绪;另一个妈妈则说,她偶尔会打孩子,但只是偶尔;还有一位妈妈也说,她十个月大的儿子会把奶酪弄碎掉满地,所以一定要教会他不能这么做,但是光打还不够,而这位妈妈的母亲则说,孩子会这样做是因为她的管教不够严厉。我问这位妈妈,她是否要通过用打儿子的方式来教会他礼貌,但她却突然哭了起来,说道:"不,我为此感到很抱歉,但是我必须要这么做,家里人都说我会惯坏他,让他变得无法无天,我还能怎么办呢?"我问这位年轻妈妈小时候是否也被打过,她回答:"当然,不可能没有。"

我也问了那位不带情绪管教孩子的妈妈同一个问题,她解释说,她以前会被父母用皮带和衣架痛打,在打她的过程中父母看起来怒气冲天,但她在打人时却不带任何情绪,她不希望孩子承受她的怒气。因为她很爱他,但不知道儿子看起来为什么这么害怕,而且还会紧紧地抓着她。我问道,她觉不觉得他是在害怕下一巴掌的来临,她说他还太小了,还不懂害怕。她非常相信孩子在小时候不会害怕,同时也认为孩子足够理智,能够明白她用打的方式是想教会他什么。然而除了恐惧以外,孩子什么也学不会,这点她并不清楚。

几个月后，当我再度造访这个社群时，我非常惊讶地在这些女性身上看到了变化，她们开始明白，孩子对她们来说不再是她们必须去教育的对象，而是会通过眼睛、哭泣以及行为来表达的人，这些女性像突然安装了感应天线一样，也许是因为她们通过哺乳与孩子之间产生了亲密感，我的提问让她们勇敢地接受了挑战，接受了她们自己的过去，或许还因为更加亲近孩子让她们不会感到孤单。另一方面，这种亲近正好让那些她们过去一度深埋起来的个人童年需求被迫浮现出来。她们的身体还清楚地记得早年承受的挫败，以及矗立在面前的那堵无知与冷漠的高墙。

例如其中一名年轻女子说，她现在才从自己姐姐那儿得知，当她两岁大的时候，妈妈会咬她咬到流血。在她原来的家庭中，父母双方都会使用暴力。第一次聚会时，这名女子几乎无法进入我的话题，当时她还表现出相当有智慧的样子，说她接受了神经语言程序学的心理治疗，这在一定程度上帮她摆脱了破坏欲的折磨。但第二次碰面时她却哭着诉说自己的痛苦，以及自己如何试着做个不同于自己母亲的妈妈，她摒弃家族暴力传统的勇气非常让人惊讶。又过了几个月后，在第三次聚会时，当她形容两岁时的自己如何被母亲咬的时候，有几个女人也跟着啜泣起来，她们无法承受她所说的事实，因为她们突然找回了自己的记忆。她们非常惊讶，人竟然可以在小时候去爱一个能做出这么多残忍行为的妈妈，但同时她们也在自己体内发现了残忍的倾向，但她们自己却没有意识到，这让她们重新对自己母亲的无知产生了宽恕之心。所有参与此团体的女性一致认为，这个小团体帮助她们更能够去控制这种（非遗传的）倾向，因为她们现在都能清楚看到自己的恐惧和残忍来自何处，而且感到自己不再任人摆布。

·099

神学家丽塔·巴瑟 ³⁶ 在著作《原来对不起》一书里这么写到，邪恶是无法根除的，因为我们会不断重复那些我们曾遭遇过的事，因此我们除了接受邪恶且宽恕他人与我们自己，并借此让我们尽可能地变得自由以外，别无选择。她虽然和我的想法一样，都认为我们一定得认清施加于我们身上的是什么，从而才能做到真正地去原谅，但我的重点并不在宽恕的行为上，而是在认真面对童年事实并不去否认的可能性上。

身为心理治疗师，我知道如果找到一个愿意相信自己并帮助自己的人，就有可能摆脱旧有的行为模式，这个人必须是真心想提供帮助，而非只想说教，想让对方接受目前的事实继续生活。我个人及与患者相处的经验告诉我，仍有许多方式可以用来摆脱邪恶，而且种类绝对比起神学家至今梦想的要多得多。

　　如果可以允许自己多次去感受父母在我们身上造成的困境，认真地面对它，并去理解曾经历过的残暴的程度，那么真心地（而非受到道德所逼）原谅父母就不难。一位成年女性能够想象出，一个在童年时期受到虐待的人，即便他为人和善，还是能够做出残忍的行为。现在在自己小孩身上体会到相同经历，并且能够像之前提到的那个团体里的女性一样诚实面对自己的女性，才能够非常清晰地回想起这些。因此她们可以随着时间的流逝原谅过去，但是使这些年轻妈妈获得解脱的并非原谅这个行为，而是一个事实，那就是她们并非独自面对自己的所知，而且她们不需要否认事实的存在，同时她们被允许视恶为恶，此种安全感可以从参与的团体中获得。

　　女人对于女性友人的同理心直接又真实，这让那位哭泣的女性第一次感觉到对父母的反抗是合理的。她事后告诉我，从那时开始，她对孩子的感觉完全变了，她不再将孩子视为折磨她的生物，而是个无助的小生命，她现在愿意为之担负起责任。她可以做到这样，是因为孩子已经开始成长，而她自己也曾经是这样的一个孩子，在这之前，这个孩子一直在父母暴力行为的恐惧中生活，就像被锁在监牢里一样。

　　许多人对待自己心中所谓的那个孩子，就像对待囚犯一样，让囚犯一直活在恐惧之中，并被隔绝在可以让自己获得自由的环境之外，一旦这个孩子解开枷锁，而且被允许去看与评论所见的事物，那么孩子会脱离牢笼，变得无所畏惧，因为他看穿了那些操纵他的伎俩；他不再害怕看清真相，他也不用再保持沉默；因为他可以将自己的所见所闻说出来；因为他并非单独面对这一切，而是有知情见证者为之作证；因为他终于从知情见证者身上获知了父母否认的事，那些证据证明他的感受是正确的；证明那些暴行与操控真实无误；孩子不需要强迫自己透过这些东西看到爱，证明这种所知是必要的，如此才能真的存在与去爱；以及证明智慧树上的果实，是可以被吃掉的。

·101

第一次，她们得以去感受那些对一个被爱并被保护的孩子来说完全是理所当然的事，也就是与自己合而为一，可以相信自己的感官感受，不需要继续欺骗自己，终于能够感觉到自己的内心就是自己的家，她们不需要像从前那样逃避，她们可以信赖自己的感觉，这些感觉传达给她们的东西不是别的，而是属于她们自己以及她们故事的事，在这些故事当中，她们能不断地熟悉自己。

在我的《人生之路》一书里，"珊德拉"与"安妮卡"这两篇分别描述了成年后的女儿与她们年迈双亲的对话，这种对话对女儿来说会有心理治疗的效果吗？这个问题我被问过很多次了，在这里我想试着再次探讨。我认为，如果父母愿意且也能够倾听，并将自己的感受清楚地表达出来，那么这种对话对双方都会有心理治疗的效果；但是如果父母仍然想教导孩子，那么就根本不可能完成一场真正的对谈。《人生之路》当中的女儿们，都接受过很长时间的心理治疗，多亏这些治疗，她们能够提出质疑，并获得了能够帮助她们的答案，她们偶尔也能够突破父母的防御，将焦点放在自己的情绪上，这其实并不是件容易的事。

让这两位女士能够如此平心静气地谈话，又不会引发可能阻碍对谈的激烈情绪的，并非是心理治疗的态度，我们是无法用心理治疗的态度与父母相处的，之所以办不到的原因，是因为我们对他们有所求。这两位女士寻求的是更多的信息，因此她们无法表现得像心理治疗师一样安然自若，心理治疗师也并未依赖着他的当事人，而是主动去探究案主的感受与需求。珊德拉与安妮卡以一种长大成人的小孩的身份，尝试着与她们的父母进行一场真正的对谈，这就是她们在本质上与心理治疗师的所求相异之处。

那么，在父母像以前一样不体谅和不理解的状态下，让这两位女士仍能不动怒的原因又是什么呢？是因为她们两人在心理治疗的过程中学会了去接受自己的强烈情绪，正视这种情绪，不把它发泄在与自己的意图相背之处。通过这种方式，她们学会了如何控制，不会受制于这些情绪，拥有了控制表达这种情绪的自由。如果她们所接受的心理治疗只停留在认知的层面上，不触及感觉和情绪部分，那么她们便可能在与双亲对峙时失控，或者封闭自我，无法完成一场真正的对谈。

为了这种对谈，父母也需要做心理治疗吗？如果能这样当然是再完美不过了，因为孩子已经拥有了觉知，因此在这种情形下与孩子讨论时，家长会感觉强烈的挑战，他们必须去面对长久以来被掩盖的事实，如果他们觉得无法再将孩子从前因父母而受到的伤害归咎于孩子本身，那么他们便会落入一种困境，甚至会触碰他们在孩提时代被压抑住的情绪。心理治疗让他们有机会和某个人一起来处理这种情绪（任何年龄段都有可能办到的），并可以帮助他们了解自己。

不过，这种对谈对心理治疗而言并非绝对必要的，在我看来，关键是父母的态度，父母也可以在未做过心理治疗的情况下利用孩子所传达的讯息，来反思自己的人生，回想下当年作为年轻的家长，他们是如何影响孩子的。但是若要使这一切成为可能，前提一定是要意识到，孩子来到这个世上，不单只是为了让父母快乐，或者取代孩子们的祖父母，不要将这种无意识与现实混淆。

这对亲子双方都适用，即便是已长大成人的孩子，也会将自己童年的真实状况与当下的处境弄混淆，这可能会表现在他们对待自己孩子的方式上，但也可能是他们与自己年迈双亲的相处方式上。我认识的一位40岁女性，没有人生伴侣，也没有一份满意的工作，而且一直指责母亲在她小时候对她照顾不够，让她受到乱伦的伤害。但她的母亲本身也是乱伦的受害者，而且她并不晓得在她不在家的时候女儿究竟发生过什么事。

当她后来从女儿那里得知这些事情后，她极度沮丧，想要赎罪，并不断地表示歉意，忍受所有女儿对她的责难，即便那些是与她根本无关的事情。这位女儿无法放弃或不想放弃父亲是慈爱的这种形象，所以让母亲成为所有问题的替罪羊，她的反应就像个小孩，没有像成人那样为自己的感觉与行为担负起责任。

但另一方面，这位母亲也受困于她自己的童年现实，处于一种害怕受到自己母亲惩罚的恐惧中，而且她也认为自己有罪应当忏悔。在这种象征性的前后关系当中，她的女儿变成了她那位严格且会对她施加惩罚的母亲，她希望表现出顺从的态度赢得母亲的欢心，得到母亲原谅。她在爱与和解这方面的错误,使女儿的无力感更加强烈,在这样的关系下当然不可能产生真正的爱,反而会滋生出一种因为双方的自我欺骗而衍生出的仇恨关系。由于将母亲当成发泄对象,女儿想回避去分析自己与父亲之间的问题,而母亲则不愿意面对女儿并非自己母亲的现实,否认自己对人生是拥有权利的,她的人生不应受到母亲的影响。

如果亲子双方都有勇气敞开心扉、倾听对方、不再沉默,那么双方的对话可能会变得非常有帮助。

当然,上述的这则母女关系离这种可能性很远,因为她们的关系是毁灭性的。女儿利用母亲甘愿受罚的心态,让自己不再为自己的人生负责,而母亲则把女儿当作自己的母亲,用这样方式来利用女儿,不敢设下界线,也不敢捍卫自己的权利,她不但害怕自己的怒气与报复心,也害怕女儿在这方面的情绪宣泄。如果某天两人能够接受自己的感觉,并且开诚布公地把话说出来,或许她们都能找到这种感受的根源。这种对谈当中的诚实坦率,将使双方都获得成长,同时她们也会惊讶地发现,自己的恐惧减轻了,并因此重新获得了自己最初的能力,即去爱以及不受拘束地与人沟通的能力。

二、没有知情见证者（一位心理分析师的痛苦之路）

我在前面内容中说到的年轻妈妈们开诚布公的态度，让我们发现了一个事实，这点我曾多次在其他作品中提到，但却很少在精神分析当中被反映出来，也就是关于母亲的事实。若母亲自己本身在小时候被虐待过，她们也许能应对与此事实相关的感受，但当她们的第一个孩子出生后，如果没有一个帮助她们唤醒这些记忆的人，这些抵抗常常会随之崩溃。

正如我在《你不该知道》一书中用详细的故事讲述的，我认为精神分析截至目前都不敢接近这个事实，把母亲的理想化形象贯穿于整部精神分析史，他们将重点放在儿童心理的结构和之后的变化上。梅兰妮·克莱恩学派就是在这种尽力美化母亲、怪罪幼子的情况下产生的，而唐诺·温尼考特[37]的论述虽然比较接近有关母亲的事实，但他同样也受限于理论过于理想化。

我们可以利用下面的故事来讲述，此文是根据首次在 1975 年公诸于世的哈利·冈特里普的两项精神分析报告以及杰里米·黑兹尔在 1996 年出版的《冈特里普的传记》汇编的。

精神分析学者冈特里普一辈子都希望能探究自己童年的遭遇，他身患重疾，对于弟弟伯西的死完全没有一点记忆，他极为痛苦的是他从小就被母亲不断地毒打，特别是掌嘴。长大之后，他从母亲那里得知，母亲其实根本不想生孩子,她之所以母乳喂养那么久,就是为了避免再度怀孕。母亲还说道,有一回她弄来了一只狗,但不久后就必须把狗送走,因为她每天都会忍不住地打它。

冈特里普的妈妈是家中 11 个兄弟姐妹当中最年长的,她必须独自一人照顾这一大群弟妹,她那位人人向往的美女母亲既没兴趣关心孩子的发展,也不想花时间照顾他们,我们可以理解冈特里普的妈妈在度过了这样的童年以后,如她自己所说的,她期许的是完全不一样的事——自由、旅行——而非再度去照顾孩子。在她稚嫩的孩童时期照顾弟妹的繁重工作,已经太过于苛求她了,她几乎没有为自己做过些什么。在这种状况下,她不会因冈特里普的出生而感到高兴,她也无法爱这个孩子,这同时也解释了冈特里普绝望的处境与他那些病症的由来。

1930 年,冈特里普在拜访过母亲后,被他的家庭医生诊断出罹患了严重的鼻窦炎,在药物治疗无效后,他被转诊给另一名外科医生。冈特里普开了刀,移除了所有前排牙齿以及骨头与骨膜,从此没有了任何植假牙的支撑点,他再也无法与其他人一起进餐了,但这场手术依旧阻止不了一到冬天就会复发的鼻窦炎。

冈特里普花了上千个小时让罗纳德·费尔贝恩[38]帮他做精神分析,他很敬佩费尔贝恩,觉得要感谢他,但是冈特里普自己也明白,这些治疗其实并没有多大用处。费尔贝恩将冈特里普三到五岁期间"与坏母亲的互动"视为"恋母时期与一位具有阉割性的母亲的性关系",他认为冈特里普的病症是"转换障碍症",对一位忠于学院派的学生来说这是个特例,因为费尔贝恩竟然敢质疑弗洛伊德的驱力理论,虽说他的诊断当中似乎还会用到弗洛伊德的概念,这或许是因为他未与任何人一起处理过自己童年时期的从属关系。

·108

在这持久且无效的治疗之后,冈特里普找到了温尼考特继续下一步治疗,他从温尼考特身上感受到更多温暖与同理心,在温尼考特的陪伴下,经过了150个小时的治疗后,他变得比以往更能看清母亲的拒绝态度,他的症状因此好转了一阵,但仍旧无法解决失忆的问题。1971年温尼考特过世,几年之后,冈特里普得了癌症,1975年1月他接受了手术,但由于癌细胞扩散,他在2月份就过世了。

从冈特里普的报告以及黑兹尔所写的传记中可以得知,冈特里普非常认同温尼考特的诠释,认为他的母亲在他出生后的第一个月里是爱他的,温尼考特深信冈特里普的母亲是由于外部负担过重才会对孩子产生排斥。所以冈特里普试着遵从他的精神分析师所给的建议,将"善"与"恶"

的对象"融合在一起",可是却欺骗不了他的身体,身体太了解事实真相了,它"知道"冈特里普的母亲(从她自己受到压抑的故事)从一开始就无法去爱自己的第一个小孩。

这件事情从旁观者的角度是很容易理解的,但对于身处其中的孩子来说却无法体会,对于一位接受精神分析的成人而言,倘若精神分析无法帮助他承受这个事实,那么这个事实也就无法被触及了。

·109

冈特里普想相信温尼考特所说的话,他几乎紧抓着这种错觉不放,我认为他为此付出了罹患绝症的代价。在温尼考特过世的第一天晚上,冈特里普就做了一个梦,是关于他与母亲之间那段悲惨的关系,母亲对他的忽视和冷漠,让他处于抑郁当中。在接下来的两个礼拜,他又做了一连串的梦,这些梦揭露了所有的事实真相,从而帮助他解决失忆的问题。针对最后一个梦,他描述说:"我在梦中看到一个明亮的房间,我在那里重新找到了伯西,我知道那就是他。他坐在一个女人的腿上,那女人没有脸、没有手,也没有胸部,她只是一个可以坐在上面的腿而已,不是人。当我试着逗伯西笑时,他的眼神很沮丧,他的嘴角向下垂着。"我认为梦里的伯西其实就是冈特里普本身,没有了让他远离事实真相的精神分析师,失忆问题也就迎刃而解了,不过由于温尼考特充满爱心地去体会冈特里普身为一个孩子的处境,冈特里普终于能在梦中接受所有的事实。

冈特里普相信,这一连串的梦为他诠释了他这 20 年来精神分析的工作,但他现在只能一人面对着事实真相,而真相又与温尼考特认为的正确之物是相反的,他缺少的就是知情见证者。据他母亲后来的说法从一开始,当冈特里普还在母亲体内的时候,没人欢迎他的到来,冈特里普无法接受这个事实。温尼考特想让他避开事实真相的原因,也许是出于对自己学术的忠诚,或是因为他本身根本就无法想象会有母亲不爱自己的孩子。

然而,这种情形其实比我们预想的还要常发生,这并非母亲的错,而是社会的愚昧所造成的。在开明的妇产医院里,初产妇可以找到既合适又能体谅自己的人来陪伴她渡过这段特殊时期,这样可帮助产妇去感受自己逐渐浮现的身体记忆,让这些记忆变成有意识的存在,这样产妇童年时期的创伤,如孤独与暴力,就不会再继续传递到自己孩子的身上。

我有什么权利批评温尼考特的诠释呢?比起精神分析师以及被分析者两位参与者,我对细节知之甚少,这样去谈论某特定精神分析案例的底线会不会很冒失?

我觉得这样并不冒失,质疑前辈的局限性不只是我们的权利,也是我们的责任。前辈们当年可供使用的信息有限,而如今我们可以随意使用。过去40年来,我学到许多与虐童的原动力以及否认有关的知识,我认为温尼考特的诠释不只与事实真相相左,而且还会强化他的被分析者自我欺骗的程度,并因此阻碍病人的复原。

如果冈特里普的母亲能在情感上去爱她的第一个小孩(也许是经由自己愉快的童年,或借着对自己小时候所受之苦的意识化),那么在冈特里普出生后,母亲和他之间就会产生一种深层的内部亲密连结,这么一来,冈特里普的母亲就不会完全不愿接受他的存在了。米歇尔·奥当[39]在其《爱的荷尔蒙》一书中,将这种相互关系解释得相当透彻,母亲对第一个孩子的拒绝态度对孩子的影响是巨大的,光是那些被压抑的、无意识的故事所导致的后果,就会阻碍这种重要荷尔蒙的释放。

如果这位母亲遇到了可以帮助她洞悉童年并接受事实真相的人,她就能自在地去爱自己的孩子,从之前提到的团体身上,我获得了这种经验。如果初产妇身边有接受过相关训练的人可以提供协助,也就是知晓幼年受虐后果的人,那么产妇便能借此发展出爱的能力,为了完成这种训练的前提是,我们不再继续用理论与理想化来修饰我们今日的所知。

三、事实真相的疗愈力

一直以来，我都会收到年长者的来信，我书中的论述让他们获得新的知识。他们感谢我书中的信息，让他们了悟了真相，但同时也难以接受这些真相，因此他们总是被罪恶感所折磨。虽然许多人知道这种罪恶感是由自己的童年所引起的，在童年时的他们会因各种失败而被斥责与惩罚，但当他们自己成了父母之后，仍然无法摆脱这种痛苦，因此当孩子或许有求于他们的时候，他们无法在关键时刻满足孩子的需求，因为他们自己童年的影响，导致他们无法胜任这种任务。

这种认知会触动让人无法逃避的痛苦，这点并不令人意外，有相关经验的人多半都是在五六十年代产下第一个孩子的女性，当时母婴分离是件很平常的事，而且对于新生儿与婴儿的需求，人们知之甚少。

我们大家都知道老一辈的父母，至死都认为他们的教育方法是正确的，因为他们也是这样被自己的父母养大，而且他们不想因任何理由来动摇他们的信念。我们也知道有些老人，对已成年的子女毫不尊重，命令子女关照他们，认为他们本该享有受人关心、尊重与被爱的权利，从不去检讨他们过去对待子女的方式。正是这种人，常常会利用所有能用的方法，继续去控制已长大成人的子女，以显示他们的权利。

这些人不会去看我的书，因为他们今天还是和以前一样，不接受任何一丁点对他们行为的质疑。而那些写信给我的读者,都能欣然接受与自己的成年子女进行一场对谈,并愿意以同理心面对子女对他们教养方式的指责。

承认自己的错误绝对不是件易事,我认为我们可以像其他许多人一样,在童年时期就获得承认错误的能力,且往后仍能继续培养。如果我们不因犯错而被斥责,有人可以充满爱心地向我们解释,我们的行为有哪些不当甚至会造成危险,那么我们觉得懊悔,并记住这些经验,毕竟没有人是不犯错的。但是如果我们因为一点微小的错误而被父母惩罚,那么我们就会发现,承认自己的错误是危险的,那样父母可能会不爱我们,这种经验会给孩子种下罪恶感与恐惧的种子。

一位老妇人在听到女儿抱怨过去被她打所带来伤害时,可能会对这种指责有不同的反应,她可能会说:"我很抱歉,我自己也被打过,当了妈妈后,便无意识地复制我母亲的行为,我感谢你现在告诉我你有多受伤,我就可以更理解你小时候的行为,因为你让我明白了当时我不知道的事。请原谅妈妈的无知。"或者她也可能这么说:"你的朋友安妮特也被打啊,但她后来并没有问题,所以这显然与父母的行为没太大的关系,也许是基因的问题吧。"

·113

如果反应像后者,女儿或许就不会再继续谈下去了,但如果是第一种状况,那么身为成年人的女儿会如何反应,完全取决于她发育成长的环境,也许她对于母亲的解释会很满意,并且可以与母亲建立起新的亲密关系。但也可能由于许多理由而无法接受,并且继续责备母亲,不断地指责母亲说她过去迫于母亲的权力而备感痛苦。倘若指责已经变成女儿的一种习惯,母亲仍旧有机会摆脱指责,她可以回答:"我都这把年纪了,不想一直听你的指责,这对我来说太痛苦了。你现在已经长大了,你可以对自己的人生负责,我不想因为你现在做的事或决定而被指责。"但就我而言,会采取这种态度的,或许是那些小时候未遭到严厉管教的妈妈,虽说她们偶尔会被打,但还是被允许去犯错的。

但也有一些母亲,她们小时候因为一点过失而被父母严厉惩罚,现在的她们仍会为所有事情自责或责难他人,她们的行为就像是个想表现得听话乖巧的孩子,因为感到孤单从而想要获得爱。心脏科医生迪安·奥尼什非常强调情感连结在心脏病老年患者的人生中所代表的意义,他认为承受孤寂之苦的人会死于病痛,而能够与家人保持关系的人,则他存活的概率会高很多。但是我观察了许多病人的状况后发现,他们有时候会紧抓着引发他们疾病的亲密关系不放。若有幸遇到知情见证者,并和知情见证者一起挖掘出他们的事实真相，少数人就能成功摆脱病痛。下面的故事证明，这在任何年龄层都是有可能发生的，这是一位读者在她朋友死后告诉我的故事，我称这位女主角为卡嘉。

卡嘉在北法出生，她是三姐妹当中的老大，她的母亲是位非常严格且固执的人，会用"马堤内鞭"[40]要求卡嘉绝对服从，并完成远超出她的年纪所能完成的成就。因此，卡嘉必须是班上成绩最好的学生，一旦成绩未达到母亲的期望，她就会被打。卡嘉的成绩虽然很好，但她一直生活在恐惧之中，因为她害怕母亲的斥责。母亲常常会受偏头痛和其他病痛的折磨，而作为大女儿，卡嘉必须承担起照顾母亲的责任，让母亲少受这些病痛侵扰。

虽然家里有女佣，但仍需要卡嘉来照顾两个妹妹。如果妹妹们无法满足母亲的要求，卡嘉就会受到处罚。这个故事听起来就像童话故事里的"灰姑娘"，但以我的经验来看，这种状况在生活中是很常见的。

卡嘉怎么能够发展出比一般人更高的智商呢？她又是如何完成母亲严苛的要求，并让自己撑过来，同时成人后没有出现犯罪行为呢？谁是卡嘉人生中的协助见证者？是父亲吗？答案当然不是。这位父亲会性侵女儿，他是个软弱的男人，卡嘉12岁的时候他就死于肺癌。从那时开始，卡嘉完全任由情绪反复无常的母亲的宰割，那么协助见证者究竟是谁呢？

·115

卡嘉一直想不起来有任何一位成年人，能让当时的她体验到温暖和关爱，直到她 50 岁与过去的玩伴、邻居的女儿重逢时，她对卡嘉说："我以前好喜欢你、好崇拜你，你还记得你们的女佣妮可拉吗？她很爱你，而且你母亲不在的时候她也很疼你，但妮可拉也很怕你的母亲。"卡嘉很惊讶地发现，她对这位女佣一点印象也没有，但这个人在卡嘉的生命中一定扮演了重要的角色，因为卡嘉虽然受到母亲的虐待，但她依旧成为了一个坚强且受人喜爱的人，所以我们断定她小时候必定有个支持她的人，肯定且喜爱她的本性。

虽然卡嘉的事业非常成功，但她自己的人生却是由一连串挫败组成的。她爱过一个欺骗她的男人，嫁给了一个她不爱的男人，虽然她希望有小孩，但却无法像自己所盼望的那样去爱她儿子；她从没打过儿子，因为她不想像她母亲一样，可是却又没办法保护儿子免受父亲的暴力伤害。卡嘉与孩子之间的关系从一开始就受到她自身经历的影响，她不知道孩子会有什么感觉，因为她自己从来不被允许去感觉小时候母亲带给她的痛苦，她不了解自己的感觉，所以也不懂儿子的感觉，而儿子又是仰赖着她的感觉生存的。卡嘉很同情这个孩子，因此感到自责和痛苦，她觉得孩子很不幸，但又不知道该怎么办。

就这样,卡嘉与儿子的关系简直是她命运的轮回,她像自己的母亲一样努力想做好一切,但她因为缺少那种从与孩子良好的初期关系中所产生的连结,所以她的人生、婚姻以及与亲子关系就全都受到影响。就像她母亲把自己、卡嘉父亲以及妹妹们身上所发生的不幸全都归咎于卡嘉一样,卡嘉一生都认为丈夫与儿子的痛苦是她一个人造成的,而她丈夫则一直都利用卡嘉的这种态度,将自己分裂出来的感受推诿给卡嘉,如:无助、恐惧和无力等,因此,他便不需要自己亲自再去体验这些感受。

卡嘉就像一块海绵,吸尽了这些负面的能量,她从不为自己辩解,认为自己无权处理其他人的感受,而这种事情只有感受到这些感觉的那个人才办得到,而她丈夫或许也可以单独去了解自己的感受并克服。最重要的是,卡嘉并不抗拒这种感受,她认为自己所承受的一切都是理所当然的,因为她在情感上还停留在幼儿期,也就是那个觉得自己要为父母所受之苦而负责的小孩。她从不愿承认自己已经嫁了人,她与母亲有许多相似之处,比如对于自我反省一点兴趣也没有。卡嘉花了20年的时间,期盼通过自己的善意与体谅带来丈夫的改变,但对丈夫越和善,他的反应就会越具攻击性,因为就连卡嘉的这种迁就让步,卡嘉的丈夫都会感到嫉妒,而卡嘉直到很后来才了解这一切。为了赢得这个男人的青睐,卡嘉花了25

·117

年的时间，后来卡嘉的子宫开始严重出血，导致她不得不切除了子宫，并开始寻求心理治疗的协助。

即便如此，卡嘉还是没察觉自己身为成年女性所拥有的出路，也就是和丈夫离婚。她逆来顺受，希望通过自己的迁就和忍让来维系这段婚姻。卡嘉找了一位女性精神分析师，问她该怎么做才能和丈夫和睦生活，检讨说因为自己不够好总惹丈夫生气。这位精神分析师告诉卡嘉，她不会变成她期待的那样，让她丈夫心情平静，她只能帮助卡嘉成为一个有勇气与事实真相共存的女人。卡嘉觉得自己可以理解，但同时又害怕和丈夫离异，她的罪恶感阻碍了她的自由。

为什么这位心理治疗师无法让卡嘉理解，她丈夫的行为源自于他的童年与他对母亲的恨意？身为成年人的卡嘉应该是可以了解的，但她身体里仍住着那个认为该为周遭人的心情与失败背负起责任的内在小孩，所以她看不到任何机会。她希望能和丈夫离婚，她的身体清楚地知道离婚的必要性，但她依旧无法说服自己跨出这一步，因为每当她想迈出这一步时，她的内在小孩会感到惊慌失措，而丈夫又会威胁她说，如果她离开或提出离婚，那么他就了结自己的生命，这使得卡嘉更加的恐慌，不过由于心理治疗师提供了有力的支持，卡嘉最终成功离婚了。

卡嘉开始独自生活，结交了新朋友，也找到一个让她感到快乐的新工作。就成人的层面而言，她虽说摆脱了不幸，但儿时的阴影却还在影响她与儿子的关系。卡嘉的儿子因为父母离异而感到痛苦，但他却像父亲一样无法将自己真实的感受表现出来，他也是个被父亲责打与羞辱的可怜孩子，而且母亲从小就无法理解他，导致他变成了一个多疑的人。他不相信别人真的会喜欢他原来的样子，所以他一直希望能变得比其他人强大。儿时的父亲在他眼里就像个冷酷无情的法官，而如今他在母亲面前扮演着与父亲相同的角色，将所有他生命中不完美的事情怪罪于母亲，卡嘉又成了替罪羊。

卡嘉一直怀抱希望，期盼有一天能和儿子开诚布公地把话说出来，倾听他承受了哪些痛苦，去了解他，并对儿子说出自己的感受。这个希望已经在她心中藏了数十年，虽然所有事实都表明这是个不可能实现的愿望，但她从没有放弃。卡嘉的儿子拒绝任何对谈，而且不给给母亲任何解释的机会。卡嘉试着理解儿子，继续关心他，她努力忘掉那些因为儿子长期以来的拒绝而造成的痛苦，她用行动向儿子表明，因为她未在儿子童年时最需要爱的时候给予他足够支持。就这样，卡嘉一直活在对儿子的同情和愧疚中，也封闭了进入自己感受的入口。有时当她感觉到儿子的恨意，而自

·119

己又无法继续对这种恨意视而不见的时候,她就会痛哭流涕。她的这种困境逼得她开始幻想,但痛苦又让她面对现实。有一次她问儿子:"你为什么要恨我?"儿子非常生气,说卡嘉弄错了,恨她的是父亲而不是他,他认为卡嘉压根不了解自己的儿子。卡嘉觉得儿子说的很有道理,因为她把过去和丈夫相处的感受投射到了儿子身上,她不敢承认自己其实真的不知道儿子是一个怎样的人。她就这样继续否认自己的感觉,继续自我欺骗。

就像小时候从母亲那里学到的一样,成年后的卡嘉每天都强迫自己去相信别人对她说的话,回避自己的眼见之实。她因此备受痛苦,但又无法改变,丝毫未察觉出根源就存在于她与母亲的关系之中。她觉得自己能够接受儿子拒绝与她深入沟通的事实,但这只是在自欺欺人,事实上她希望获得体谅的心情比心中的善念更为强烈。

卡嘉终于被一场重病摇醒,这时的她才终于了解,自己面对儿子时卑躬屈膝的态度是在摧毁自己,她早该在 25 年前就明白,只要儿子不愿意对她敞开心扉,那么她想了解儿子的尝试就是在白费力气,而且只要儿子不对她表现出任何信赖感,就算她体谅儿子的指责也是枉然。卡嘉的儿子之所以无法敞开心扉,是因为这种信赖感并未在他人生的初期就建立起来。卡嘉希望能与父母、手足以及同学在心灵与精神上有所交流,这个愿望只在她的幻想中实现过。现在,这个愿望的对象变成了她儿子,因此她无法看出儿子是多么排斥这个愿望,或许是因为极度害怕,但卡嘉同样没有尊重儿子的恐惧感,她一定要以母亲的身份来弥补她的过错,就算没有用,也要通过让自己受苦的方式来让自己感觉好受些。

这是什么原因呢?是因为当儿子需要她的时候,她未能伸出援手吗?她彻底被医院的员工给唬住了,觉得这些人会比她自己更了解自己的孩子,所以有时她会把儿子交付给其他人照料。她的朋友认为,是不是因为卡嘉想要给儿子的正是自己所匮乏的呢?还是因为她的完美主义,让她在过了50年之后仍旧无法原谅自己所犯的过错?看起来似乎是这样,但是她为何会变得如此要求完美?为何不能原谅自己的过失呢?要结束这场游戏,还是得靠她自己,但她又为什么无法做个了断呢?

·121

为了让自己认真面对这些问题,她首先要去面对自己最初的童年时光,也就是她的母亲用体罚来教她听话、让她为所有错误感到羞愧并觉得歉疚的那个时候。这些小时候的教训影响了她一辈子,让卡嘉认为背负罪恶感是天经地义的。

许多教育学家都曾建议,要从孩子出生第一天开始就用身体上的警告来教导他们服从,这种办法越早使用,效果就越显著,卡嘉的人生充分证明了这点。

卡嘉虽然发展出了她的创造力，并与其他人建立起连结，而且在工作时也能以职业咨询师的身份为其他人提供协助，但却始终无法摆脱母亲很早就在她心中种下的罪恶感，那颗种子长成了一棵巨大的植物，让卡嘉无法看清楚显而易见的事实。

卡嘉已年过 70 岁，要改变这种态度是非常困难的，不过一切都有可能，卡嘉终于找到了结论，并不再相信那些幻象，接下来的虽然是不停歇的奋战与内心痛苦的哀伤，但她的身体清楚地告诉她，她早该这么做了，这是她唯一的救赎。

卡嘉一生都严格要求自己，强迫自己遵守那些行为准则，其中最主要的是她所信仰的宗教教义。她遵从这些教义长大。但从现在起，她必须学会去质疑父母的道德标准。她开始造访图书馆，试图找到明确表示反对责打、羞辱、蔑视与操纵孩子的神学文章，但除了新教教徒约翰·阿摩司·柯米尼亚斯[41]以外，她找不到任何相关内容，也看不到任何有关孩童所受之苦的纪录，而她阅读的大多数心理学著作，都强调人只有怀着正面想法才能够变健康，而为负面情绪如愤怒等，会毒害身体。

然而，这些对卡嘉都没有什么帮助。愤怒与仇恨等感觉会使身体受伤,这点是对的,但是只要无法找到导致这些感觉的元凶,或者忽视这些感觉,那么她就永远无法摆脱它们。虽然这个小女孩试着用各种方式与父母沟通,但却一直被拒绝,这种全然的无力感进一步演化成恨意是绝对可以理解的。只要卡嘉坚持认为儿子的责难是合理的,而且仍为了儿子幼时母爱的缺失感到内疚,那么她就会一直深陷泥潭,无法自拔。

当卡嘉能放下儿时的心愿时,她的恨意也就会随之消失,因为她让自己得到了自由且终于能够接受现在以及小时候所发生的事实。她再也不需要强迫自己去相信那些她不明白的事物,不需要接受别人的观点,也不需要让自己背负起那些她无法处理的其他人的感受。她不需要继续强迫自己去忽视事实或否认自己的感受,因为现在的她可以有自己的想法,也可以去感觉那些符合她当下状况的感受。

·123

这种转变会消除仇恨。仇恨是只有当人们觉得自己身处陷阱时才会一直有的情感,也是身为一个弱势的孩子,为了存活,在毫无出路的状况下坚持下去的动力。成年人一旦懂得如何离开陷阱,仇恨便会自动消失,因此像道德观、原谅、劝诫或者人们常说的正面情绪等,根本没必要。

我一再提到这个观点,因为我在心理学作品中常常会看到这种建议,不过我认为,通过练习放松与冥想可以唤醒心中的正面情绪,这种论点只是幻想，我看到这些观点时常还会附带某些建议，说如果用正面情绪取代负面情绪，并且原谅父母，就能摆脱病症。

我没看过能够长时间这么做的人，但所有的作家都不厌其烦地在他们的作品中建议读者把宽恕当作心理治疗方法。如果这种方法真的有所帮助，那当然好，但这些方法并未帮上卡嘉的忙，卡嘉的故事证实了我在很多患者身上曾有过的经验：感觉是不会长期受到操控的，虽然当感觉被压抑住的时候可以抽离出意识，但它常常会以干扰肉体的方式让人难以察觉其存在。感觉通常会隐藏起自己的真实内容以及严重程度，让我们难以发现。

如果某件事引起我们的恐惧，而我们又想通过美食来逃避这种恐惧，那么我们的身体就有可能无法消化这种食物，食物当然也就无法带给我们享受，反而会成为我们的负担，而身体则会用腹泻或呕吐等方式来解放自己，然而最初的恐惧感并不会因此被消除，恐惧之因只会隐藏得更深。这种过程因人而异，根据每个人不同的健康状况，恐惧会在肉体上留下很少但可能也很重要的痕迹。

当卡嘉病得很重的时候，她心中的反抗苏醒了，因此她可以对自己说：就算是罪大恶极的罪犯，只要接受了刑罚，也可以不再自我惩罚，况且她又不是重刑犯，她只是一个妈妈，就像那个时候的许多妈妈一样，她们从没学过如何接纳新生儿，而她们自己的妈妈也没有给她们的身体储存任何相关的正面信息。

她曾多次为自己当年的态度向儿子忏悔，为自己所犯下的错误感到后悔，但现在她不会再有这种罪恶感，这种罪恶感毁了她的人生，也毁了她与儿子的关系。她必须活在当下，过去之事是无法弥补的，她无法靠自己的成功获得儿子的信赖，她的儿子也无法像初生时一样去信赖妈妈；对她儿子来说，补偿妈妈的过去超出了他的能力范围，他拒绝的方式，也许正是他建立自己的人生并且不受母亲投射行为缠身的唯一方法。

在卡嘉的故事当中，她朋友并未过多讲到卡嘉儿子的事情，我的信息全部来自她的朋友，而这些信息当然附有卡嘉的主观判断和影响。我认为，当卡嘉停止在儿子身上寻找父亲或母亲的替代品时，当她可以面对自己童年的所有实情时，她的儿子便能脱离妈妈。

小时候，没有任何人了解卡嘉的困境，她的妹妹们把她当成妈妈，后来在寄宿学校里，卡嘉虽然有一个对她很好的同学，但卡嘉受妈妈的影响，变得多疑、封闭，因此她没能够利用这个机会。长大成人之后，她很渴望建立亲密关系，但她选择的伴侣，却无法帮她实现这个愿望，他们本身就对亲密关系充满恐惧。儿子成年后，卡嘉觉得她终于有机会与儿子坦承相见，或许她儿子小时候就已经感受到了，但却无法说出来，他为此很痛苦，最后开始逃避这种情感力量，他清楚地感觉到母亲体内住着一个充满渴望建立亲密关系的内在小孩，但是他无能为力。

卡嘉最后终于接受了事实，那就是她童年的悲剧剥夺了她成为一个更好妈妈的权利。当她接纳自己后，她平静地享受着人生的最后旅程，以及与朋友之间的良好情谊，从而让自己获得宽慰，放下了那些不切实际的目标。

有关卡嘉的故事，我是按照卡嘉朋友的陈述记录的。这个故事记录了一个成年人是如何因为童年的匮乏，从而变得只想在自己孩子身上来满足自己最深层的需求的心路历程。

当卡嘉通过心理治疗，明白了童年的阴影使她与儿子的关系受到极大影响时，她心中对母亲的记忆开始越来越清楚地浮现，以及她利用了哪些方式不去接受与自己第一个孩子的关系。现在，卡嘉可以感受到自己儿时的需求，并将这些需求在日记中写下来。卡嘉的朋友在她过世后摘录了一段她的日记内容寄给我，卡嘉是这么写的：

身为你们的孩子，我需要你们的爱与照顾，但我却必须放弃这项权利，这个孩子无处可去，也无人可说：我饿了，给我东西吃；我不懂这个世界，解释给我听；我很害怕，帮帮我；我很伤心，安慰我；我很无助，帮帮我；我觉得自己被利用了，保护我；我要崩溃了，无法承受如此严苛的要求，帮我减压。我需要有个人看到我的困境，我的困境干扰了你们，最后也干扰我自己，我直到现在才了解这一切，但小时候的我感觉不到这些需求，我只想不被干扰，努力迎合你们，一辈子都如此。现在，我不需要去迎合任何人，我只要活出我自己。为了不再让我的儿子感到有压力，我想了解我的命运并且接受它。现在突然出现了很多了解我的人，我根本不需要再去寻觅，他们就在那，也许他们一直都在那，只是我看不到他们的存在。

看了这篇日记，卡嘉的朋友写道：

我想让您了解卡嘉的人生，因为我刚开始时觉得，卡嘉是个特例，而且与您在书中描述的以及我的观点有某些相左之处，我无法将这个案例归类，因为对我来说它与我的观点相反，是一个母亲因成年儿子的不接纳而感到痛苦，而非像您在其他案例当中提到的，是孩子因父母而受苦。但

·127

是当我在卡嘉死后读了她的心理治疗纪录后,我明白了,这种母子间的悲剧起源于更久以前,或许在卡嘉儿子出生前,她不幸的童年经历已经给她造成了强烈的影响,而且一辈子深受其害。从这个角度来说,她儿子压根没什么机会自我发展,他需要从母亲那里收回情感。这听起来很悲哀,或许对儿子来说,这是唯一的机会,能让他的人生免受母亲未实现的情感期待的影响,从而让自己获得拯救。

　　我这么说并不是要指责我挚爱的卡嘉。对我来说,她努力真实地活着,反而是我学习的典范。但直到现在,在她过世之后,我才发现她所有的努力,比如努力去了解儿子,努力正确地对待他,同时也努力对自己保持忠实,全都毁在了她自己的童年真相中。无论她如何尝试在这种命运情况下和最亲密的人敞开胸怀、彼此信赖,但命运却不给她一点机会,因为她没有榜样可学习,她的原生家庭里的成员都无法理解她所追求的那种沟通形式,因此后来她才会将自己的期望投射在儿子身上,虽然这不是她的本意,而且是无意识的,但却从主观上造成了她与儿子的关系中缺少了母子间应有的温情与亲密,而这些正是她小时候所缺乏的,也为此深感痛苦。

　　以前我认为,人生就是如此,人们无法选择自己的命运。但是现在我不这么看了,如果每个人都可以听从内心的指引,而且不需要被迫遵从父母的意志,那么她一定能够找到对彼此敞开心扉的一位伴侣。我们不得不承认,某种我们从前视之为非理性的行为,如今在我们看来却可能是真实事件下符合逻辑的结果,不过这些真实事件多半都被遮掩了起来。

我很高兴卡嘉把她的日记留给了我,通过这些记录,我也能更了解我的人生。

后记

我的童年虽说很惨，但也有些美好的回忆，不过重要的是，我挺过来了，而且可以为童年写下些东西，这个世界就是这么一回事。

——法兰克·麦考特

　　法兰克·麦考特在《安杰拉的灰烬》一书里生动地描述了一种危机,这种危机是六十年代的小孩会遇到的。当他们提出了让成年人感到不知该怎么回答的问题时,孩子会发现,这些大人竟然也不知道答案,但他们又不承认,总是说:"等你长大就会懂了,现在去玩吧!"或者他们会像麦考特书中描述的那样没好气地回答道:"闭上你的嘴。"

　　这种状况如今已明显改观,独立思考以及想吸收新知识已不再招人厌烦。现在的孩子如果提出问题来,你不能再对他说"一边玩去吧!"现在的孩子拥有更多通往信息的渠道,年纪稍大的孩子会通过计算机获取信息,他们不需要仰赖父母传递知识,这种情况是以前从来没有过的。

　　当我还是个孩子的时候,我必须学会不去质疑那些只会敷衍我的人。到了后来,我试着自己来回答这些问题,并发现了我们教育当中的最高信条:"你不该知道别人对你做过什么事,以及你自己对其他人做过什么事。"当下我明白了,此信条几千年来阻止我们去明辨善恶,也阻止我们去认清小时候被强加在我们身上的痛苦,并阻止我们的小孩避开这些痛苦。因此,我想在所有我的作品里指出,虐待儿童的原因等同于它的结果:否认曾经受到的伤害会导致人们以同样的方式去伤害后代,除非人们正视事实。

·133

即使这种观念尚未进入一般人的意识之中，但大众早晚都会看清，我们打孩子的时候，是在伤害他们，而不是爱他们，而且我们将不再有权利让圣徒保罗来为我们的所作所为负责，因为我们自己做出了原本想从孩子身上赶走的恶事。

责打管教会引起恐惧，且常常导致孩子的思想陷入僵滞，也就是一种麻痹僵化的状态，在这种状态之下，孩子已无法冷静思考，因为他的意识当中充满了恐惧。许多在黑色教育传统中长大的人，似乎一辈子都会处在这种僵化状态之下，不断害怕被责打。诸多事例都揭示出，针对这种很早就储存在身体当中的恐惧感，以及随之而来的思维障碍，会导致孩子无法学习新的经验与信息，影响他们的真正成长，也阻碍了他们为自己所说过的话、做过的事负责任，因此他们在情感上常常是发育不良的，继续维持着那个受折磨孩子的模样，无法判定恶为何物，更谈不上去反抗了。

许多人会像法兰克·麦考特一样说道："我的童年虽说很惨，但也有些美好的回忆，不过重要的是，我挺过来了，而且可以为童年写下些东西，这个世界就是这么一回事。"我称这种态度为宿命论，我觉得我们也可以去反抗，至少努力让童年的感受在未来不再影响我们，或者降低它的影响范围。

·134

对孩子来说,若有一个像麦考特父亲那样的父亲,不仅失业还把失业救济金给喝光,那可真是他的宿命,因为除了接受现实之外,他别无选择。当孩子感觉到,父母并未认真把他当一回事,而且还把他看作替罪羊;或者孩子的身体内贮存着缺乏照顾的记忆,但孩子却对这些不能理解,只会对父母产生同情,在这种种情况下爱的感觉则能帮助他仍维持住自己的尊严。

然而,由于孩子必须忽视父母不负责任的残忍态度,以及对他的漠不关心,因此事后他有可能会产生一种危机,即盲目地继承这些态度,无意中陷入宿命论的意识中,这种宿命论会认为恶是与生俱来的。

即使长大成人后,此人依旧保持着那个无力孩子的观点,认为除了接受自己的宿命以外没有其他选择,他并不知道,如今的他已经可以理解恶的源头,并随着时间的推移,他有力量去彻底改变;他并不知道,矛盾的是,唯有他不再害怕"神"(他自己的父母)的惩罚,而且准备好让自己了解童年遭到否认的创伤所造成的毁灭性后果时,他才可以长大成人,一旦成人意识到这些之后,他就会重新获得那些曾失去的对孩童所受之苦的敏感力,并不再受制于情感的盲目状态。

基督教其实是反对所有黑色教育的,但现实生活中很多教会却一直为黑色教育背书：通过惩罚来训练服从与情感盲目的教育方式。早在耶稣出生前，他就通过父母感受到了最崇高的敬意、爱与守护，在这种最初的基础经验当中，培养出他丰富的感受世界的能力、他的思想与伦理。他人间的父母将自己视为他的仆人，从未打骂管教他，耶稣因为这样而变得自私、狂妄、贪婪、专横或爱慕虚荣吗？没有，相反地，他成了一个坚强、理性、善解人意并有智慧的人，他会有强烈的情感，但却不会听凭摆布；他能够看穿虚假与谎言，同时也有勇气去揭发它们。

据我所知，如今还没有教会提及耶稣的教育与性格之间的因果关系，去鼓励信徒要以玛利亚与约瑟夫为榜样，不要将孩子视为自己的私有财产，而要把他们当成神的孩子，其实在某种程度上而言，所有的孩子都是神的孩子。

被爱的孩子心目中神的形象概念所折射出他最初的美好经历，他心目中的神会理解、鼓励、解释和传递知识，同时也会宽恕孩子的过错，他绝对不会因好奇心而处罚孩子，也不会扼杀孩子的创造力，更不会诱导孩子、发布孩子不理解的命令并造成孩子的恐惧。

拥有约瑟夫这样一个凡人父亲的耶稣，同样也在宣扬这种伦理道德，但是教会里的那些男人，他们没有这样的童年经历，因此只会将这些价值观当成空话，许多人的行为和态度反映了他们的童年经验，比如说参与十字军东征与设立宗教法庭。消灭、不宽容，严格来说就是"恶"。

　　就连那些想行善的人，也常常会去捍卫这个体制，他们在这种体制中长大，觉得责打是适当的、有必要的。历史上除了柯米尼亚斯之外，还没有其他神学家表示过反对责打孩子，这个事实显示，使用责打来惩罚已是普遍的童年经历，因此，耶稣才会那么独特，而他所传达出的信息，在过了2000 年之后，依旧未被教会所领会。

　　这两种不同的价值体系之间的鸿沟将随着时间的推移而缩小，因为未来将会有更多有勇气的人点出恶之所在，而且已有这样的案例出现了，例如德国的联邦司法部长赫塔·朵依布勒－格梅林就曾在 2000 年 2 月的一次会议上说："俗语说'爱你的孩子就要打骂管教'，这句话是种危险的谬论，孩子会在家庭教育中学会暴力，并且未来还会继续传承下去，我们必须停止这种恶性循环。"

　　可想而知：如今依旧赞同这种破坏性说辞的人，他自己本身肯定是黑色教育的受害者。现在正是放弃毁灭性原则的时候，尤其还要去质疑"服从"原则，我们不需要因为听从恐怖分子愚昧的命令而死亡的听话小孩，我们希望看到的是更多从小受到尊重的孩子，他们会用自己的眼睛与耳朵行走于这个世界，通过自己的语言与有建设性的行为去对抗社会的不公不义、愚蠢与痴昧。耶稣早在 12 岁的时候就懂得要这么做了。在必要时，他会以不伤害父母的方式拒绝服从父母。

我们无法变得像耶稣一样，除非我们在童年时拥有一个与现在完全不同的来历。我们之中没有人曾被母亲当成神之子来抚育，大多数人对父母来说只是负担而已，但是我们可以向耶稣的父母学习，只要我们真的愿意。耶稣的父母不会要求他服从，也不会对他使用暴力。我们只有在害怕面对自己过去的事实真相时才需要力量，而且当我们觉得自己太软弱，无法忠于自我以及我们真实的感受时，我们才期望获得外在力量的支持，殊不知，真诚地面对我们的孩子也会使我们坚强。说出真相，并不需要权力，只有散布谎言与虚伪的言论时，我们才会需要它。

如果知识渊博的专家(如弗雷德里克·勒博耶[42]、米歇尔·奥当、贝塞尔·范·德·科尔克[43]以及其他许多人)所倡导的教育理念能传达给父母，而这些父母又恰巧能受到宗教权威的支持，将玛利亚与约瑟夫当成学习典范，那么对孩子来说这个世界一定会变得更和谐、更真诚，而且不合理的事情也会越来越少。

揭露事实，是本书的目的，情感盲目以及对孩子所受之苦缺乏敏感

度,是对孩子的巨大伤害这个事实已有充分的证据和信息,但我们却站在
这些信息和几千年来的无知之间,不知何去何从。若我们懂得善用这些信
息,我们就可以让我们的孩子和孩子的孩子,避开不必要的痛苦与恶行,
我们的祖先就是在这些痛苦与恶行下长大的,为了我们的后代,我们有责
任去改变。

　　我们知道如今已有父母亲不用处罚的方式教育孩子,我们也知道那
些不害怕父母的孩子可以发展出多少的善,这些孩子不会接受别人归咎
的责任,而且还很享受探索新知的喜悦,有了童年时期生动活泼的真爱体
验,他们将会清楚地看到《创世纪》故事里的不公,并发现全新的沟通机会
(如网络、电视、旅行等),来散播或获取他们的所知。因此,他们将唤醒其
他人的好奇心,支持其他人对于可知之事的兴趣,在这个网络时代,为了
长大成人,亚当与夏娃可以自己去摆脱他们那所谓的原罪。

注释

1. 即由希特勒掌权的纳粹德国。

2. Adolf Eichmann(1906—1962),纳粹德国高官,执行犹太人大屠杀的主要负责人。

3. Daniel Gottlieb Moritz Schrieber(1808—1861),德国医生、教育学家。

4. James W. Pennebaker(1950—),美国心理学家,《敞开你的心房》(Opening up)是他 1990 年发表的著作。

5. Homeopathy,亦称为同类疗法,其概念是:如果某物质能够导致健康的人体产生某些特定的症状,那么该物质就能治愈具有这些症状的疾病,意即"同类治愈同类"。

6. Marie-France Hirigoyen(1949—),法国精神科医师、家庭心理治疗师,其著作《卑鄙行为的面具》(Die Masken der Niedertracht)是 1999 年出版的德文版本,法文原文版书名为:le Harcèlement Moral,发表于 1998 年。

7. Dean Ornish(1953—),美国医生,其著作《爱与存活》(Love & Survival)出版于 1998 年。

8. 又称腓特烈二世(1712—1786),于 1740 至 1786 年间担任普鲁士国王,在位期间大规模发展军力、扩张领土,称霸当时仍未统一的德意志地区,并取得欧洲大陆的强国地位,为德国统一迈出了第一步。

9. Elimination de la maltraitance infantile domestique africaine, à Yaounde, Cameroun,1998 年成立,该组织宗旨为减少或消除家庭教育暴力。

10. Jeffrey Kent Eugenides（1960—），美国小说家,《黑色青春日记》(The Virgin Suicides)为其处女作,出版于 1993 年。

11. Emmanuel Carrère(1957—),法国知名作家、编剧、导演,他的大部分作品都是有关于人性本质的探讨及真相的揭露。

12.Frank McCourt(1930—2009),爱尔兰裔美国教师暨作家,其处女作《安杰拉的灰烬》(Angela's Asches)出版于 1996 年。

13. 出版于 1992 年,作者乔丹(Jordan Riak)同时也是"nospank"网站的负责人。

14. Daniel Goleman(1946—),美国心理学家,有情商之父的称号。

15. Katharina Zimmer,德国心理学家。

16. Joseph E. LeDoux(1949—),美国脑科学学者,革新有关情绪的神经基础的研究技术及方法,首先发现杏仁核在情绪中枢的关键作用。

17.Debra Niehoff,神经学家。

18.Candace Beebe Pert(1946—2013),美国神经学家。

19.Daniel Lawrence Schacter(1952—),美国心理学家,主要研究为身体与

心理的记忆和遗忘。

20.Robert Maurice Sapolsky(1957—),美国生物科学及神经内分泌学家,研究领域包括神经死亡、基因治疗以及灵长类生理学。

21. Daniel Stern(1934—2012),美国心理学家,认为"同理心"是与生俱来的资质,有些人因为右脑受损而无法表达同理心及同情心,但绝大多数缺乏同理心的人是来自幼年长期生活在恐惧中,从未曾感受到"爱"的结果,简言之,即情感失调,感情萎缩和消失。

22. LJohn Bowlby(1907—1990),英国心理学家。

23. Ron Rosenbaum(1946—),美国作家、记者。

24. Robert G. L. Waite (1919—1999), 加拿大史学家,《精神错乱的神祇》(The Psychopathic God: Adolf Hitler)出版于 1993 年。

25. W. H. Auden(1907—1973),英裔美国诗人。

26. Marilyn Fayre Milos(1940 -),"全国割礼情报研究中心"(National Organization of Circumcision Information Resource Centers)的创立者之一,亦是该组织的负责人。

27. Francine Shapiro,美国心理学家。

28. Primal Therapy,将童年压抑的创伤带至意识层面的一种心理治疗方式。

29. Harry Guntrip(1901—1975)，英国心理学家，认为退缩和疏离的分裂现象存在于所有心理病理形式背后，在面对严重剥夺时，自我将会分裂，自我的一部分完全放弃了客体寻求，不但放弃了外部客体，也放弃了内部客体，退缩到一种深深埋藏自己的隔绝状态。他将精神分析概括为"替代疗法"，分析师"代替父母"提供欠缺的人际环境，即健康自体成长和发展所需的人际环境。

·145

30. Lytta Basset，牧师、神学家，《原来对不起》(Le Pardon originel)出版于1996年。

31. Donald W. Winnicott(1896 – 1971)，英国精神分析学家。他认为："母亲"是心理健康发展中最重要的角色，母亲的直觉、响应(responsiveness)以及爱，早在新生儿阶段，就开始透过自我(self)的形塑而打造人格的雏形。虽然母亲责任沉重，然而，温尼考特乐观而真诚地信任这些母亲，对他而言，没有人可以取代这个角色，也没有人可以比这些母亲做得更好，每位母亲都是自然而然的奇迹。

32. Ronald Fairbairn(1889 – 1964)，英国心理学家，他是独立团体心理分析学的理论构建者之一，对客体关系学派影响深远。独立团体包括那些既不

Evas Erwachen

认同梅兰妮·克莱恩也不认同安娜·弗洛伊德(Anna Freud)的分析家;他们更关心人际关系,而不是个体内部的驱力。

33. Michel Odent(1930 -),法国医学博士,著名产科专家,国际母乳会健康顾问委员会成员。

34. 原注:"马堤内鞭"是一种鞭子,约30厘米长,握把是一根木头,连接着细细的皮带,现在在法国还有生产,正式说来是用在动物身上的,但诚如一位工厂的女性负责人在电视节目里所言,主要都是被父母买去当成处罚孩子的工具,生产这种鞭子的公司至今依旧有很好的业绩。

35. John Amos Comenius(1592-1670),17 世纪欧洲教育家,公共教育的最早拥护者,第一位提出儿童教育学的人,被视为现代教育之父。他支持终身学习与教育非暴力,反对死背,认为教学必须要有通用性与实用性,鼓励逻辑思考,主张贫困儿童、妇女、弱势者与精神退化者必须要有同等的教育机会。

36. Frédérick Leboyer(1918 -),法国妇产科医生,无暴力分娩法的倡导者。

37. Bessel van der Kolk,心理学家,波士顿创伤中心创始人。

《夏娃的觉醒》读者调查

感谢您参加本次读者调查活动，传真或邮寄此页（附购书小票）回编辑部，即可获得神秘礼品一份（数量有限，赠完为止）。参加此次活动者还将通过邮件不定期收到时尚生活编辑部最新出版信息，敬请期待！

Step1您的基本资料

姓名：_____ 性别：□女 □男

年龄：□20岁及以下 □20-30岁 □30-40岁 □40-50岁 □50-60岁

电话：_____ E-mail：_____

学历：□高中（含以下） □大学 □研究生（含以上）

职业：□学生 □教师 □公司职员 □机关 □事业单位 □媒体 □自由职业

Step2您对本书的评价

您从哪里得知本书的信息：

□书店 □报纸 □杂志 □电视 □网络 □亲友介绍 □工作坊 □瑜伽馆 □其他

读完这本书您觉得：

内容：□很吸引人 □还好 □枯燥（请说明原因）_____ □您的建议_____

封面设计：□够酷 □还好 □没注意 □不好（请说明原因）_____

□您的建议

价格：□偏低 □合适 □能接受 □偏高 □您的建议_____

Step3您的建议

您喜欢哪种类型的书籍：

□经管 □心理 □励志 □社会人文 □传记 □艺术 □文学 □保健 □漫画

□自然科学 其他_____（请补充）

您不喜欢哪种类型的书籍：

□经管 □心理 □励志 □社会人文 □传记 □艺术 □文学 □保健 □漫画

□自然科学 其他_____（请补充）

您给编辑的建议：_____

_____

地址：北京市东城区东四12条21号　中国青年出版社时尚生活编辑部

邮编：100708　　传真：010-57350335

（竖排左侧）请沿虚线剪下装订寄回，谢谢！